シャジクモ シャジクモ藻綱に属する多細胞の藻類．この仲間が陸上植物の姉妹群と考えられている．（写真：坂山英俊博士）

ドウソニア・スペルバ コケ植物の蘚類に属するが，配偶体が高さ数十センチにもなる．

トウゲシバ ヒカゲノカズラ植物（小葉類）に属する維管束植物．

スギナ ツクシはスギナの生殖茎である．系統解析の結果，シダ植物に属することが明らかになった．

ノキシノブ シダ植物に属する．葉の裏に胞子嚢群が見られる．

ソテツ ソテツは裸子植物に属するが，イチョウとともに鞭毛をもつ精子が見られる．

①

クロマツ 裸子植物の球果類に属する．写真は花粉をつくる小胞子嚢穂．

ウェルウィッチア・ミラビリス ナミブ砂漠のみに生育するグネツム類の裸子植物．生涯2枚の葉のみをもつ．（写真：細川健太郎氏）

アンボレラ 現生被子植物でもっとも古く分岐した植物である．ニューカレドニアの固有植物．

コウホネ 被子植物でアンボレラの次に分岐したスイレン類に属する．

コブシ 基部被子植物のモクレン類に属する．モクレンは花の形態が原始的と考えられていたが，系統解析の結果，現在では否定されている．

ノコンギク 真正双子葉植物・キク類のキク科に属する．キク科は被子植物でもっとも多様化した科であり，約2万種からなる．

新・生命科学シリーズ

植物の系統と進化

伊藤元己／著

太田次郎・赤坂甲治・浅島　誠・長田敏行／編集

裳華房

Introduction to Plant Phylogeny and Evolution

by

MOTOMI ITO

SHOKABO

TOKYO

「新・生命科学シリーズ」刊行趣旨

　本シリーズは，目覚しい勢いで進歩している生命科学を，幅広い読者を対象に平易に解説することを目的として刊行する．

　現代社会では，生命科学は，理学・医学・薬学のみならず，工学・農学・産業技術分野など，さまざまな領域で重要な位置を占めている．また，生命倫理・環境保全の観点からも生命科学の基礎知識は不可欠である．しかし，奔流のように押し寄せる生命科学の膨大な情報のすべてを理解することは，研究者にとっても，ほとんど不可能である．

　本シリーズの各巻は，幅広い生命科学を，従来の枠組みにとらわれず，新しい視点で切り取り，基礎から解説している．内容にストーリー性をもたせ，生命科学全体の中の位置づけを明確に示し，さらには，最先端の研究への道筋を照らし出し，将来の展望を提供することを目標としている．本シリーズの各巻はそれぞれまとまっているが，単に独立しているのではなく，互いに有機的なネットワークを形成し，全体として生命科学全集を構成するように企画されている．本シリーズは，探究心旺盛な初学者および進路を模索する若い研究者や他分野の研究者にとって有益な道標となると思われる．

新・生命科学シリーズ
編集委員会

はじめに

　21世紀に入り，生物学は新たな局面をむかえている．ヒトをはじめとしていくつかの生物種の全ゲノムが解読され，さらに今やほとんどの生物において，その気になれば全ゲノム情報が得られる時代である．また，生命現象の共通原理の追求のみではなく，なぜ，さまざまな形態・機能をもつ生物がいるかという生物の多様性にも注目が集まってきた時代でもある．生物多様性は生物学のみではなく，地球環境問題の大きなテーマともなっている．このような時代的背景において，進化は生物学で重要な意味をもってきている．そして，生物進化の道筋である系統関係は，生物学や関連分野にとって重要な情報となると思われる．

　本書では，植物を扱っているが，「植物とはどのような生物であるか」，すなわち「植物の定義とは何か」という問題に答えるのはなかなか難しい．光合成生物とか，陸上植物であるとか，その定義はいくつも提案されてきた．本書でどのような定義をしているかは本文を読んだときのお楽しみとしてとっておく．現在，地球上でもっとも繁栄している植物群である被子植物へといたるまでに，植物は数々の進化的適応を獲得して多様化してきた．その過程で獲得されていった適応は，動物とは違った植物の生き方，すなわち独立栄養でおもに固着生活をするという生活戦略に深く関係している．このような適応獲得の連続である進化過程を見ていくと，植物をどう定義するかはそれほど重要な問題でなく，コミュニケーションや学習の際に，どのような重要な適応—すなわち進化的イノベーションをもって植物を定義しているかを把握すればよいことが理解できるかと思う．

　本書は，おもに陸上植物を扱っているが，まず最初に植物へいたる進化の道筋を概観していく．次に陸上植物における進化上重要なイノベーションについて進化の順序に従って詳しく見ていく．最後に陸上植物の各群の特徴を解説する．その際に意図したのは，分子系統学の研究で明らかになった系統

関係から植物の進化を解説することである．いわゆる「系統樹思考」に基づくことにより，各植物群の進化的関係が明確になると考えている．1990年頃より，DNA塩基配列に基づく生物の系統解析が普通に行われ，数多くの生物間の系統関係が明らかにされてきた．それまでは，おもに形態比較に基づいた系統推定が行われてきたが，分子情報により系統樹の構築が可能になり，逆にそれぞれの形態やその機能について，進化学的視点から解析できるようになった．また，遺伝子やゲノムレベルでの進化解析も発展し，形態進化の分子的基礎も盛んに研究されてきている．このような時代に，本書が植物の進化に関して興味をもつきっかけになれば幸いである．

　本書の執筆に当たっては，多くの方々にお世話になった．法政大学の長田敏行教授には，本シリーズの編集委員として貴重なご意見を賜り，深く感謝申し上げる．また，東京大学大学院総合文化研究科の同僚や，研究室の方々には，日頃の議論を通じて本書を作り上げる際にご協力をいただいた．中島睦子さんはたくさんの貴重な原図を快くお貸し下さった．最後に，裳華房編集部の野田昌宏氏，筒井清美氏には，本書のたいへんな編集作業と共に，なかなか進まない執筆への激励をいただいた．心より感謝申し上げる．

　2012年4月　東京にて

伊藤元己

■ 目　次 ■

■ 1 章　生物界と植物の系統　　1

1.1　生物界の系統　　1
- 1.1.1　分類学と系統学　　1
- 1.1.2　原核生物と真核生物　　3
- 1.1.3　五界説　　4
- 1.1.4　生物界の 3 ドメイン　　5
- 1.1.5　真核生物内の系統　　6

1.2　緑色植物の系統と進化　　6
- 1.2.1　緑色植物の系統　　6
- 1.2.2　緑色植物内における系統と進化　　9

1.3　陸上植物への道のり　　18
- 1.3.1　分子系統学的解析　　19
- 1.3.2　葉緑体 DNA のイントロン　　19
- 1.3.3　シャジクモとミカヅキモの生活環　　22
- 1.3.4　植物の定義　　26

■ 2 章　陸上植物の特徴　　28

2.1　頂端分裂組織　　28
2.2　胞子体世代　　30
2.3　有壁胞子　　31
2.4　多細胞性の胚　　32
2.5　陸上植物に見られるその他の特徴　　33
- 2.5.1　クチクラ層　　33
- 2.5.2　気孔　　33

2.6　陸上植物における生殖器官の進化　　34
- 2.6.1　異型配偶子　　34
- 2.6.2　多細胞の配偶子嚢　　34

 2.7 茎・葉・根：植物の基本的な構造 35
 2.8 最初の陸上植物 37
  2.8.1 クックソニア 37
  2.8.2 ライニー植物群 37
  2.8.3 微化石 40
 2.9 コケ植物の生活環 41

■ 3 章 維管束植物の特徴 43
 3.1 胞子体優占の生活環 43
  3.1.1 シダ植物の生活環 43
  3.1.2 シダ型とコケ型の生活環のどちらが祖先的か？ 44
 3.2 維管束 46
  3.2.1 陸上環境への適応と維管束 46
  3.2.2 維管束の構造 46
  3.2.3 仮道管要素 46
  3.2.4 中心柱 47
 3.3 葉の進化 49
  3.3.1 大葉と小葉 49
  3.3.2 小葉の進化 49
  3.3.3 大葉の進化 50
 3.4 根の進化 50
  3.4.1 根の構造 52
  3.4.2 根の発生様式 52
  3.4.3 根の起源 54

■ 4 章 種子の起源と種子植物の特徴 55
 4.1 種子とは 55
 4.2 種子の起源 57
 4.3 種子化石における 2 つのタイプ 58

4.4	種子植物の起源：原裸子植物	59
4.5	裸子植物の生活環	60

■ 5 章　被子植物の特徴と花の起源　64

- 5.1 花　64
  - 5.1.1 花の構造　64
  - 5.1.2 花被　65
  - 5.1.3 雄ずいと花粉　67
  - 5.1.4 心皮と胚珠　69
- 5.2 被子植物の生活環　70
  - 5.2.1 生活環の概要　70
  - 5.2.2 花粉　71
  - 5.2.3 胚珠　72
  - 5.2.4 重複受精　74
- 5.3 花の化石　74
  - 5.3.1 アルカエアントス：モクレン型の花化石　74
  - 5.3.2 クーペリテス：センリョウ型の花化石　76
  - 5.3.3 アルカエフルクタス：最古の花化石？　77
- 5.4 外珠皮と心皮：裸子植物から被子植物への進化　79
  - 5.4.1 外珠皮　79
  - 5.4.2 心皮　80
  - 5.4.3 外珠皮と心皮の進化　82
- 5.5 花の起源　85
  - 5.5.1 古典的仮説　85
  - 5.5.2 化石植物との比較形態からの仮説　86
- 5.6 新たな花の起源仮説へ向けて　89

■ 6 章　被子植物の系統と進化　95

- 6.1 被子植物の進化傾向　95

  6.1.1 子房   95
  6.1.2 花被と花弁の進化   98
  6.1.3 離弁花から合弁花へ   98
  6.1.4 他殖と自殖   99
 6.2 送粉者・種子散布者との共進化   102
  6.2.1 被子植物と動物の共進化   102
  6.2.2 花と送粉者の関係   104

■ 7章　陸上植物の多様性と系統　　108

 7.1 コケ植物   108
  7.1.1 コケ植物とは   108
  7.1.2 コケ植物の系統   108
  7.1.3 苔植物門 Hepatophyta   111
  7.1.4 ツノゴケ植物門 Anthocerophyta   113
  7.1.5 蘚植物門 Bryophyta   113
 7.2 無種子維管束植物   116
  7.2.1 維管束植物の系統と分類   116
  7.2.2 ヒカゲノカズラ植物門 Lycophyta   118
  7.2.3 シダ植物門 Pteridophyta   122
 7.3 裸子植物   129
  7.3.1 裸子植物の分類   129
  7.3.2 裸子植物の系統   144
 7.4 被子植物   145
  7.4.1 被子植物の系統   145
  7.4.2 基部被子植物   146
  7.4.3 単子葉植物   152
  7.4.4 真正双子葉植物   154

Appendix　陸上植物の分類体系   158

参考文献・引用文献　　　　　160
索引　　　　　　　　　　　　166

コラム 1-1　　地質年代　　　　　　　　　　　　2
コラム 1-2　　分子系統学　　　　　　　　　　　5
コラム 1-3　　分岐学（Cladistics）　　　　　　15
コラム 5-1　　遺伝子の相同性　　　　　　　　92
コラム 5-2　　花の ABC モデル　　　　　　　　93
コラム 6-1　　花の形態的特徴　　　　　　　　96
コラム 7-1　　生物の階層的分類　　　　　　　112
コラム 7-2　　同型胞子性と異型胞子性　　　　119
コラム 7-3　　マツバランとイワヒバ
　　　　　　　：日本の古典園芸植物　　　　124
コラム 7-4　　ツクシとスギナ　　　　　　　　127
コラム 7-5　　イチョウとソテツの精子の発見　133

1章 生物界と植物の系統

われわれ人類の生物界に対する認識は「動物」と「植物」という区分—すなわち二界説から始まった．ギリシャ時代に体系的な生物の分類を行ったアリストテレスも自然界のものを無生物，植物，動物，人間というように分類した．しかし，生物界の多様性が明らかになるにつれ，この動物と植物という二分法では効果的に生物を分類できなくなってきた．とくに，単細胞生物が大多数を占めるいわゆる微生物の世界が明らかになるにつれ，新たな生物界の認識が必要になってきて，いくつかの新しい生物の体系が提案されてきた．

1.1 生物界の系統

1.1.1 分類学と系統学

まず最初に生物の分類学と系統学について簡単にふれておこう．多様な生物を扱う学問は，古くは博物学として自然物全体を対象とした幅広い分野であった．しかし自然科学の発展にともない，博物学は細分化されていき，対象や方法論を限定した学問分野が確立されていった．

分類学（taxonomy）は，生物の基本単位である種を認識して記載・命名し，さらに他の種との関係を整理する学問である．一方，系統学（phylogenetics）は，地球上の多様な生物の進化の道筋—すなわち**系統**を明らかにする学問分野である．

現在の日本では，分類学という言葉はもっと広い学問分野を指しており，体系学（systematics）や場合によっては系統学（phylogenetics）をも包含するような意味で使われることが多い（広義の分類学）．

体系学は残念ながら日本においては認知度の低い言葉である．体系学とは，基本的には既知の生物種の体系を作り上げ，生物界の一般参照系の確立

■ 1章　生物界と植物の系統

コラム 1-1
地質年代

　地球誕生からの地質現象を理解しやすく時間順に配列するため，地質時代の区分がなされている．時代区分は，おもに各層序での化石の出現あるいは絶滅などによりなされているため，地球上の生物相の変化に対応したものとなっている．

　比較的大型の化石が出現する約5億4200万年前以降は顕生代と呼ばれている．それ以前は原生代と始生代，あるいは先カンブリア時代と呼ばれている．化石の豊富な顕生代は，さらに古生代，中生代，新生代に区分されている．これらの時代の境界では，生物相が大きく入れ替わっており，大量絶滅とそれに続く新しい生物群の誕生があったと考えられている．各代はさらに出現化石に基づき紀，世，期と細分化されている．

	古生代						中生代			新生代	
先カンブリア時代	カンブリア紀	オルドビス紀	シルル紀	デボン紀	石炭紀	ペルム紀	三畳紀	ジュラ紀	白亜紀	第三紀	第四紀
5億4200万年前	4億8800万年前	4億4400万年前	4億1600万年前	3億5900万年前	2億9900万年前	2億5100万年前	2億年前	1億4600万年前	6550万年前	260万年前	

を目指す学問分野をさすのであるが，日本では一般的には分類学の中の一部と認識されている．しかし，英語圏では体系学と分類学は別の学問分野としてとらえられることが一般的である．ダーウィンにより，現在の生物は進化の結果生じてきたことが明らかにされてからは，体系学は系統関係を反映するような分類体系—いわゆる自然分類を目指して研究が行われるようになってきた．

1.1.2 原核生物と真核生物

　科学の発展にともなう観察技術革新が起き，新たな知見が数多く出てきて，従来の「動物」と「植物」という区分では分類できないような生物が多数発見されるようになった．とくに顕微鏡が発達し，細胞内部の微細構造まで観察可能になってくると，細胞には原核細胞と真核細胞という2つの異なるタイプの細胞が存在することが明らかになった（図1.1）．この細胞構造の違いは，動物と植物の細胞に見られる差異よりも本質的なため，従来の動物と植物という二界説の体系は変更を迫られることになった．

　さらに光合成を行う生物にも原核細胞をもつ原核生物と真核細胞をもつ真核生物があることが明らかになった．前者はシアノバクテリアや光合成細菌，後者は緑藻や褐藻などが含まれている．

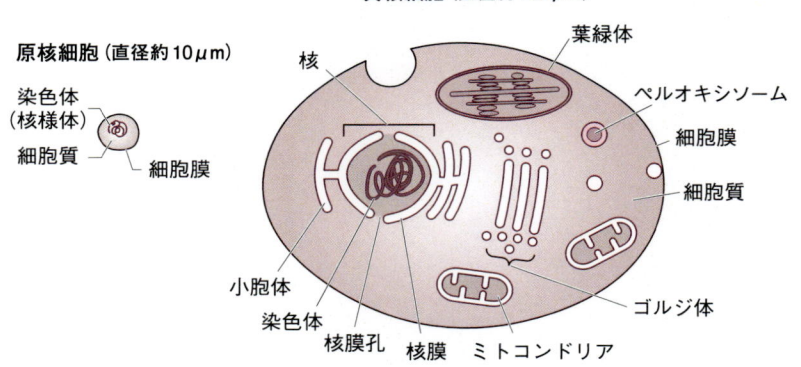

図 1.1　原核細胞と真核細胞

1.1.3 五界説

このような背景の中，19世紀の終わりから20世紀の中頃までに古典的な二界説に変わる生物界の分類体系はいくつも提唱されてきたが，どの体系もあまり定着せず，新しい体系の出現はホイタッカーによる五界説の登場を待たなければならなかった（Whittaker, 1969）．

五界説では，原核生物を1つの界として，真核生物を4つの界に分けているが，原生生物と他の真核生物の境界をどこに引くかについてはいろいろな意見がある．ホイタッカーが最初に五界説を提唱したときは，真核生物の藻類は植物に含まれていた（図1.2A）．単細胞藻類を植物界に入れるか，原生生物に入れるかは意見が分かれている．

新たに判明した系統関係を反映するため，マーグリスとシュワルツは植物界を陸上植物に限定し，藻類を原生生物に含める修正をした五界説を提唱した（Margulis & Schwartz, 1997）．これにより植物界は単一の系統の生物群となり，定義ははっきりしたが，原生生物界内に陸上植物の祖先系統にあたる緑藻類を含む多様な生物群が入ることになった（図1.2B）．生物全体の系統関係はまだ完全に解明されていないが，現在より正確な生物界の認識を目指して，原生生物の系統を中心に詳細な研究が進められている（Cracraft & Donoghue, 2004）．

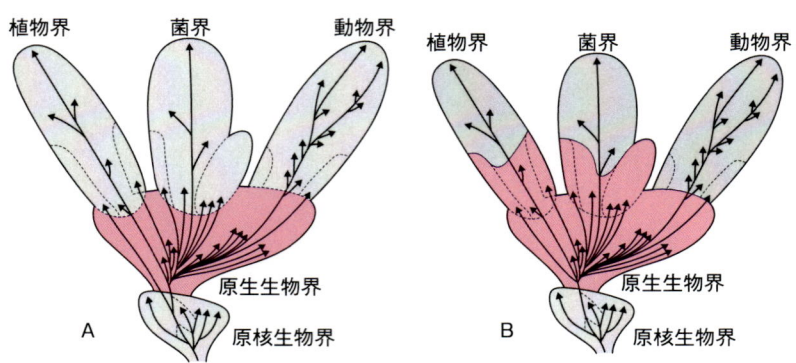

図1.2　五界説（ホイタッカー，マーグリス）
A：ホイタッカーの五界説，B：マーグリス・シュワルツの五界説

1.1.4　生物界の3ドメイン

分子生物学の技術発展と系統解析法の開発により，生物の系統関係が遺伝子の塩基配列に基づいて推定できるようになってきた（コラム1-2参照）．

ウーズらはリボソームRNA小サブユニット遺伝子の塩基配列を用いて生物界全体で系統比較を行った．その結果，生物界は大きく3つの群に分かれることが明らかになった（Woese, 1987）．

その中の2群は，従来，原核生物として認識されてきた生物である．原核生物の第一の群は，大腸菌やシアノバクテリアなど，われわれの身近に多く存在する細菌の群が含まれる系統群であり，バクテリア（真正細菌）と名づけられた．他方，好熱性細菌やイオウ細菌など，特殊な環境に生育している細菌類が多く含まれるもう1つの系統群には，アーキア（古細菌）という名前を与えている．残りの1群は真核生物からなり，これら3系統群は生物界

コラム 1-2
分子系統学

20世紀の中頃まで，生物の系統関係はおもにその形態や発生を比較することで推定されてきた．しかし，分子生物学の発達とともに，系統推定においてタンパク質のアミノ酸配列やDNAの塩基配列などの分子情報を用いることが一般的になってきた．

タンパク質やDNAはすべての生物がもつものであり，大きく形態が異なった生物間の系統推定にも使用することが可能である．また生物のもつDNAの塩基数は膨大であり，多量の情報を有するという利点もある．

系統推定法に関しては，ここでは説明しないが，距離行列法，最節約法，最尤法などがあり，現在では各方法についてコンピュータプログラムが作成されて容易に入手可能になっているので，対象群の配列情報を得ることができれば系統樹を作成することが可能である

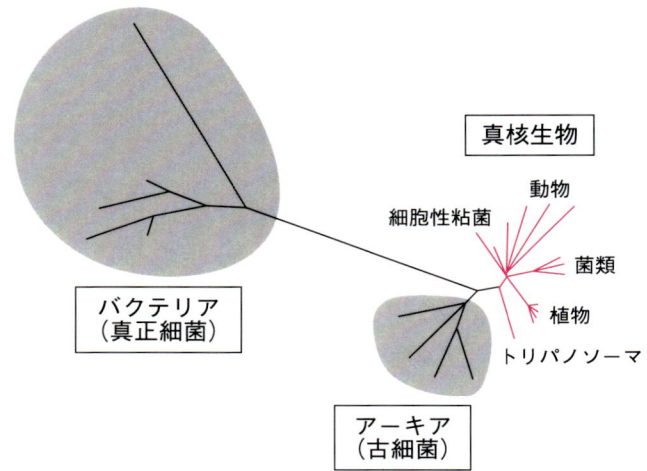

図 1.3　生物の 3 ドメイン
分子系統学による解析により，生物は大きく 3 群に分けられることが明らかになった．（Woese, 1987）

の 3 ドメイン，あるいは超界と呼ばれている（図 1.3）．

1.1.5　真核生物内の系統

最近の分子系統学的解析によると，真核生物ドメインには 8 つの大きな系統群が認識されている（図 1.4，中山，2003）．原生生物は単細胞性で単純な構造の生物がほとんどであるが，その系統的多様性はたいへん大きなものであることが明らかになってきている．

次節で述べるように，この 8 つの系統群の中でわれわれのなじみが深い陸上植物を含む系統群には，陸上植物のほかに広い意味での緑藻類，紅藻類（紅色植物），灰色藻類（灰色植物）が含まれる．以下に述べるように，これらの藻類は二次あるいは三次細胞内共生に由来しない藻類の群である．

1.2　緑色植物の系統と進化

1.2.1　緑色植物の系統

真核光合成生物は，原始真核生物がシアノバクテリアに類似した原核生物

1.2 緑色植物の系統と進化

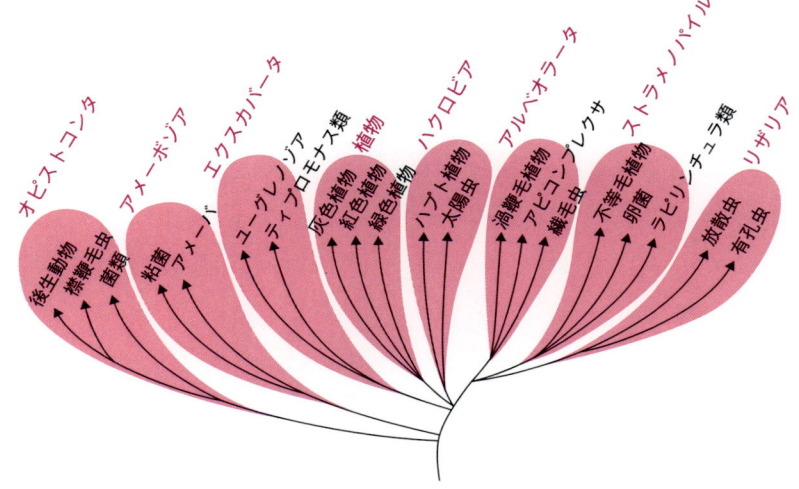

図 1.4 真核生物の系統図
真核生物ドメインの分類体系はまだ合意されていないが、大まかに8つの系統群が認識されている。（中山、2003より）

を細胞内に取り込んだことにより葉緑体を獲得して、誕生したと考えられている。葉緑体の起源は、ミトコンドリアの誕生と同様に細胞内共生によると考えられている。ミトコンドリアと葉緑体の祖先にあたる原核生物が、他の細胞内に入り込んだ共生は一次共生と呼ばれている。これに対し、真核の光合成生物が従属栄養を行っていた真核生物に共生することにより光合成能力を獲得した共生は、二次共生と呼ばれる。二次共生による光合成生物の誕生は、地球上の生物進化の歴史の中でたびたび起こったことが、これまでの分子系統学的解析の結果から明らかになっている（中山、1999）。

分子系統解析や細胞の微細構造の比較など、さまざまな証拠から、コンブなどの属する褐藻類も従属栄養真核生物 - いわゆる原生動物に、光合成能力のある真核藻類が細胞内共生したことにより起源したことが示され、藻類には複数の異なる系統が含まれていることが明らかになった（図1.4, 図1.5）。

この原生生物における光合成生物の多様性は本書の目的である「植物」から大きくはずれるため詳しい解説は省略するが、興味のある読者は千原（編）

(1999),井上（2007）などを読まれることを勧める.

　真核細胞をもつ光合成生物の中で，一次共生のみで二次共生は起きていない生物群には緑色植物（緑藻を含む）と紅色植物（紅藻），灰色植物が含まれる．緑色植物は，クロロフィル *a* の他にクロロフィル *b* を補助色素にもつことや，生殖細胞が鞭毛を有する場合は2本のむち型鞭毛であることなどにより特徴づけられる生物群である．これらの特徴は陸上植物も共有しており，このことからも陸上植物は緑藻のなかから進化してきたという考えが支持されている．

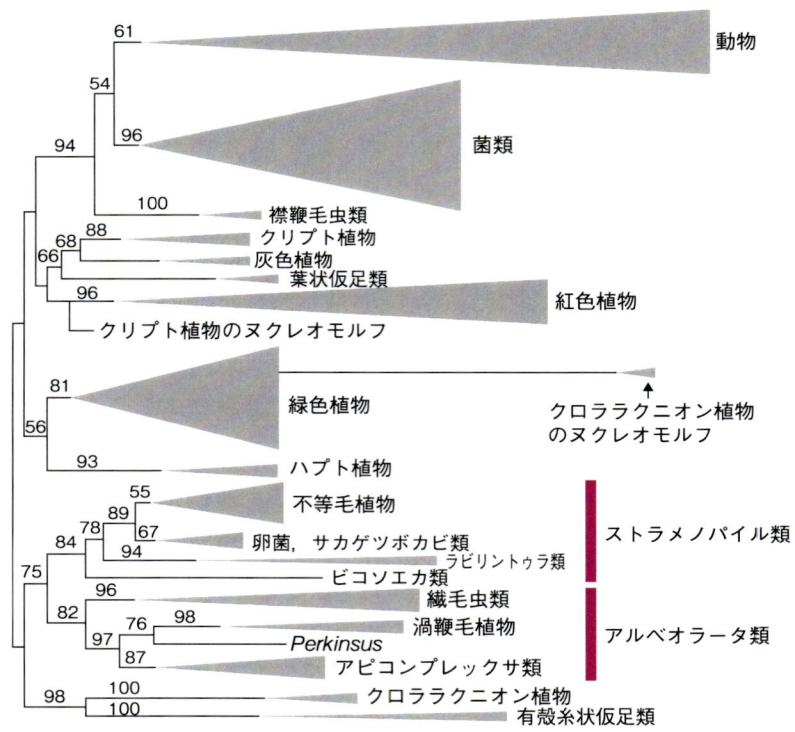

図 1.5　18S rDNA に基づく真核生物の分子系統樹
18S rDNA に基づき，近隣結合法により作成された，真核生物の分子系統樹．各枝上の数字はブートストラップ値．（千原，1999）

1.2.2 緑色植物内における系統と進化

クロロフィル a, b をもつことで特徴づけられる緑色植物には、多様な生物群が含まれる。クロレラやクラミドモナスのような単細胞藻類や、ボルボックスに見られる群体を作るもの、アオミドロなどのような糸状藻類、アオサのように平面状になるものなど体制も多様である（図1.6）。これらの藻類は細胞内の形態や多細胞体の体制などに基づき系統関係が推定されてきた。しかし、遺伝子の塩基配列に基づいた分子系統解析が行われた結果、現在では、緑色植物は2つの系統に分かれることが明らかになっている。系統解析に用いる遺伝子により、緑色植物内の細部の系統関係には一致しない点があるが、緑色植物に2つの大きな系統が認識される点に関しては一貫している（McCourt, 1995）。

緑色植物内において分子系統解析で明らかになった第一の系統群（クレー

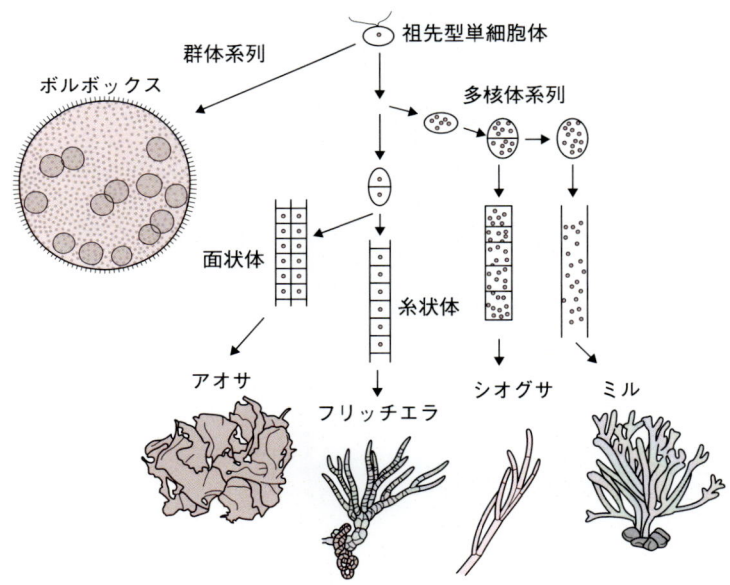

図 1.6 緑藻の体制の多様性
緑藻では、多細胞化は複数回独立に起きている。体制を考慮した概念図であり、実際の系統関係を反映しているとは限らない。（McCourt, 1995 を改変）

ド）には，陸上植物とシャジクモ藻類が含まれる．このクレード内にはアオミドロやミカヅキモなどの接合藻類も入り，ストレプト植物 Streptophyta と呼ばれている．もう一方の系統群はそれ以外の緑藻—クラミドモナスやアオサ，クロレラなどが含まれていて，緑藻植物あるいは「狭義の緑藻類」と呼ばれる（図 1.7）.

　緑色植物の分子系統の解析結果で注目すべき点は，プラシノ藻類についてである．プラシノ藻類はクロロフィル a, b をもち，過去には緑藻類に入れられていたが，鞭毛の付き方や細胞表面に鱗片と呼ばれる構造をもつことにより緑藻類から区別されることになった．しかし，分子系統解析の結果ではプラシノ藻類が単系統群にまとまらなかったのである．とくに，メソスティグ

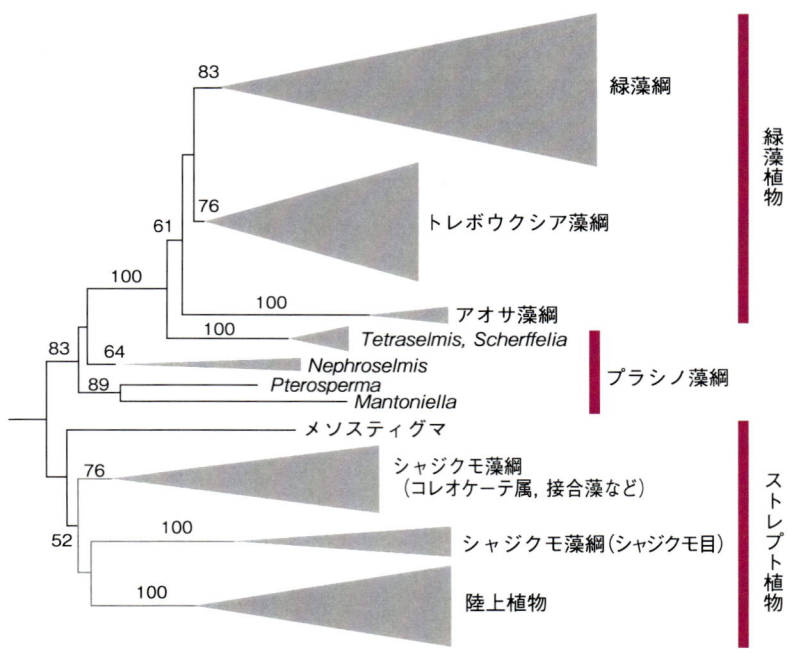

図 1.7　18S rDNA の塩基配列に基づく緑色植物の分子系統樹
陸上植物はストレプト植物に入る．各枝上の数字はブートストラップ値．（千原，1999）

マ *Mesostigma* はストレプト植物のクレードの基部に位置する可能性が高い. このような分子系統解析から，プラシノ藻類は緑色植物の多様化の初期に分岐した生物群であると考えられている（図 1.7, McCourt, 1995）.

分子系統解析により，緑藻内に認識された 2 つの系統群は，さまざまな形態学的や生理学的特徴においても大きな差異があることが明らかになっている．以下にこの 2 つの系統群で異なっている特徴をみていく．

a. 鞭毛の付き方

緑色植物の特徴として，2 本の鞭毛が細胞の前方から出ることががある．緑藻類のモデル生物であるクラミドモナス *Chlamydomonas* では，2 本の鞭毛が左右に向かって伸びている．一方，シャジクモの遊走子では 2 本の鞭毛が平行に並んで伸びている．この両者の違いは，鞭毛の根元の基底小体の配置の違いから来ている（図 1.8）．緑藻植物では 2 本の鞭毛の基底小体が約 90 度の角度で連結繊維により繋がれている．この構造は交叉型鞭毛装置と呼ばれている．これに対し，ストレプト植物では多層構造体（MLS）スプライン型と呼ばれる鞭毛装置をもつ．これは，2 本の鞭毛の基底小体がスプラインと呼ばれる微小管でできた板上にほぼ平行に並び，その下に多層構造体（MLS）と呼ばれる構造が存在する（図 1.8）．

b. フラグモプラスト型分裂とファイコプラスト型分裂

一般的な生物の教科書でみられる植物の細胞分裂は，タマネギの細胞により解説されていることが多い．タマネギを始めとする陸上植物の細胞では，細胞分裂終期になると 2 つの娘細胞が遠心的に形成される細胞板で仕切られる．紡錘体が終期まで残り，細胞板は，紡錘体微小管とアクチン，ゴルジ体起源の小胞からなるフラグモプラストの形成によりつくられる（図 1.9）．

これに対して，緑藻のクラミドモナスでは，陸上植物とは異なる細胞分裂様式をもつ．細胞分裂の際に，核膜は崩壊せずに残り，両極には中心体がつくられる．紡錘体は早期に崩壊するが，ファイコプラストと呼ばれる微小管が分裂面と平行に出現して娘核を分ける（図 1.9）．

フラグモプラスト型細胞分裂は，陸上植物のみでなく，シャジクモなどのストレプト植物にも見られる分裂様式である．一方，緑藻植物ではファイコ

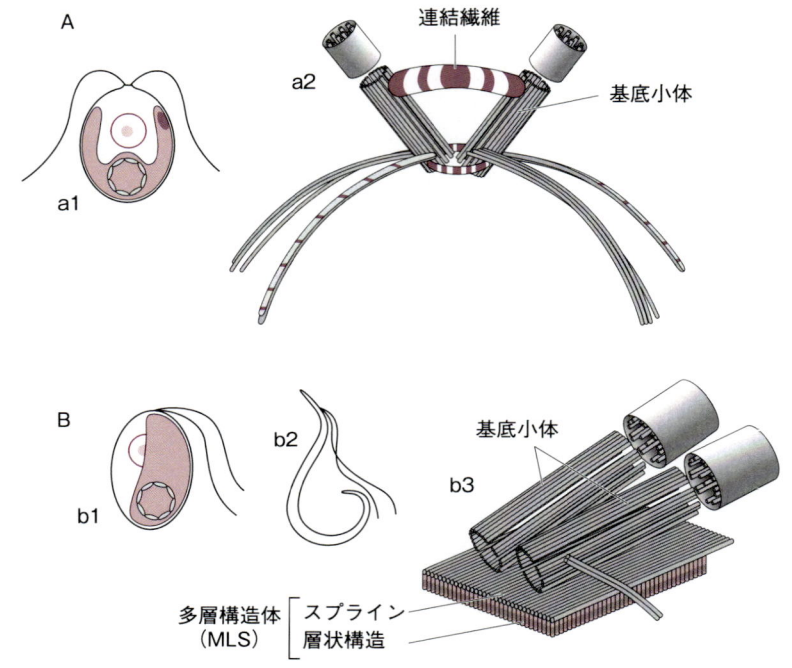

図 1.8　緑色植物 2 系統の遊泳細胞と鞭毛装置
　A：緑色藻類．a1：遊泳細胞は鞭毛を左右に伸ばしている．a2：交叉型鞭毛装置の模式図．B：シャジクモ藻類とコケ，シダなどの遊泳細胞．b1：遊泳細胞は鞭毛を同じ方向に平行に伸ばしている．b2：シャジクモ，コケ精子．b3：MLS スプライン型鞭毛装置．（井上，2007）

プラスト型細胞分裂が一般的に見られる．

c. 活性酸素除去酵素

　光呼吸は，強光が当たった場合，光合成系 II により多量の酸素が発生したときの酸素除去機構である．ここではルビスコ [*1-1]（RuBisCO）が酸素を用いてホスホグリコール酸を生成して酸素が除去される．その後，グリコール酸となり，グリコール酸経路を経て回収されるが，この経路で使われる酵素

[*1-1]　リブロース 1,5-ビスリン酸カルボキシラーゼ／オキシゲナーゼ

1.2 緑色植物の系統と進化

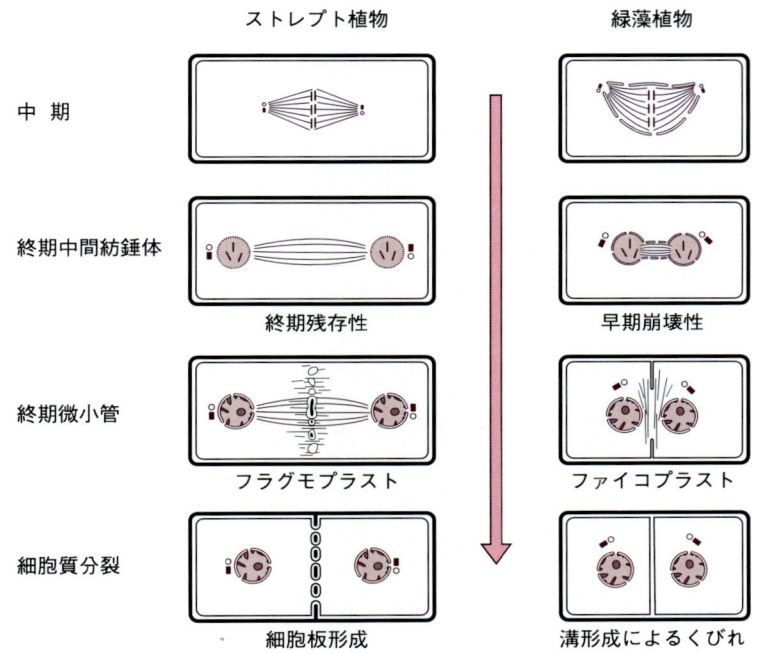

図1.9 フラグモプラスト型（左）とファイコプラスト型（右）細胞分裂
植物の細胞分裂として，普通の教科書に載っているのはフラグモプラスト型（左）である．（井上，2007より）

がストレプト植物と緑藻植物で異なっている．ストレプト植物ではグリコール酸オキシゲナーゼという酵素が使われ，緑藻植物ではグリコール酸デヒドロゲナーゼが使われる．また，この反応が起きる場所も両者で異なり，ストレプト植物ではペルオキシソームで，緑藻植物ではミトコンドリアで行われる（図1.10）．

d. 銅・亜鉛スーパーオキシドジスムターゼ

活性酸素を除去する機構として，ストレプト植物は銅・亜鉛スーパーオキシドジスムターゼ（Cu/Zn SOD）をもつ．この酵素は活性酸素を過酸化水素として除去するはたらきをするが，緑藻植物のクレードでは発見されていない．

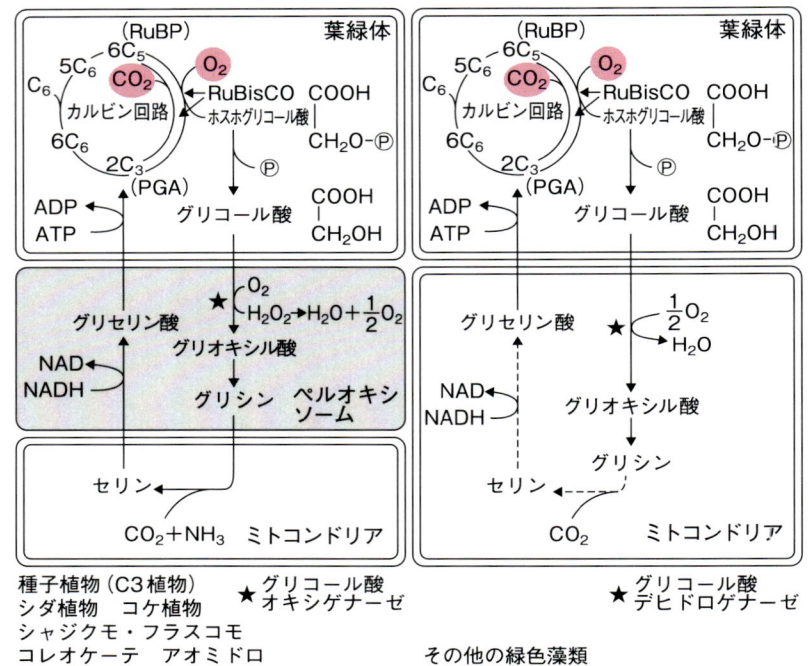

図 1.10 緑色植物のもつ 2 タイプのグリコール酸経路
左：ストレプト植物．グリコール酸をグリオキシル酸に酸化するのにグリコール酸オキシゲナーゼを使用する．またグリコール酸経路にペルオキシソームとミトコンドリアが関与している．右：緑藻植物．グリコール酸をグリオキシル酸に酸化するのにグリコール酸デヒドロゲナーゼが使用される．またグリコール酸経路にはミトコンドリアだけが関与する．（井上，2007 より）

コラム 1-3
分岐学（Cladistics）

20世紀の中頃から，生物の系統を再構築する方法論として分岐学が作られて来た．ここでは，分岐学において重要な概念を解説する．

a. クレードとグレード
生物をグループ分けする際には，どのような基準で群を分けるかが問題になる．クレード（clade）とは，祖先種とそのすべての子孫種を含む種群，すなわち単系統群として定義される．一方，グレード（grade）とは，適応に関して重要な何らかの特徴的な形質を共有する群を指す．当然，その定義からグレードはクレードとならない場合もある．分類体系を作る時，クレードのみで構成されるようにするか，あるいはグレードも認めるかで意見が異なる場合もある．たとえば，現在では，脊椎動物において，鳥類は爬虫類の中の恐竜を含む1群から進化してきたことが明らかになっている．そのため，クレードのみで分類体系を作る場合，鳥類は爬虫類と同レベルの分類群ではなく，爬虫類内の一分類群となる．一方，羽を持ち空を飛ぶという進化的な重要性から鳥類というグレードを認めて，鳥類を爬虫類と同レベルの分類体系とするべきと主張する研究者もあった．この論争は1960〜70年代に激しく行われた（詳しくは三中1997, 直海2002を参照）．まだ異論はあるが，現在ではできるだけ生物の系統進化を反映した，すなわちクレードによる分類体系を作るという考えが優勢である．

b. 単系統群，側系統群，多系統群
ある生物種群をまとめたときの群は，それらの系統関係から以下の3カテゴリーに分類される．
1. 単系統群：祖先種（図は種F）とすべての子孫種から成るグループのことを指す．この系統樹では，4種（A-D）からなる群は単系統群となる．

2. 側系統群：2は，祖先種（種F）とすべてではないいくつかの子孫種（子孫種 A, B, C を含むが同じく子孫種である D は排除されている）から成るため，単系統群の基準を満たしていない．このような子孫種の一部が含まれない群は側系統群と呼ばれる．
3. 多系統群：3の群は複数の系統からの子孫種を集めたものであるため，単系統群ではなく，多系統群と呼ばれる．

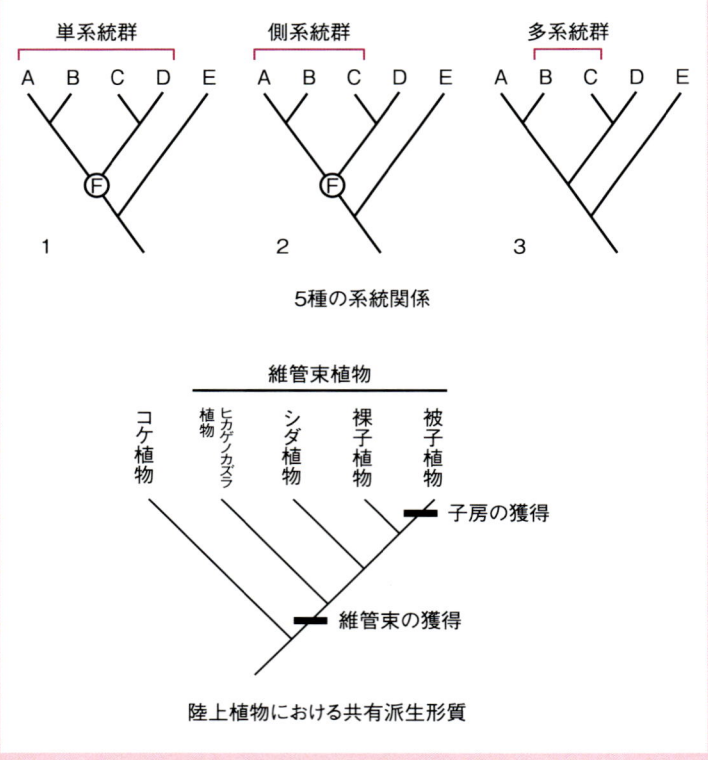

5種の系統関係

陸上植物における共有派生形質

c. 共有派生形質と共有原始形質

形質とは，ある生物が有するどんな特徴をも指す語として使われる．

1.2 緑色植物の系統と進化

系統関係をみてゆくときに重要な形質はもちろん相同な形質である．しかし，相同な形質はすべて同じように系統推定において重要ではない．相同形質を共有派生形質（shared derived character）と共有原始形質（shared primitive character）に分けて考えることが必要である．系統推定にはこのうち共有派生形質が重要な情報をもたらす．たとえば，すべての維管束植物は，維管束をもつという相同形質を共有する．しかし，維管束をもつということは，被子植物を他の維管束植物から区別することにはならない．なぜなら，裸子植物やシダ植物など被子植物以外の維管束植物も維管束をもつからである．維管束は，被子植物が，他の維管束植物から分化する前に生じた相同的な形質である．これは，定義しようとする分類群の分化以前に共有されていた共有原始形質である．これに対し，子房はすべての被子植物が共有するが，被子植物以外では見られない形質である．このような特定のクレード－この場合は被子植物－のみに見られる進化的新奇性は，共有派生形質と呼ばれる．維管束は，共有派生形質となることもある．しかし，それはすべての維管束植物を他の植物から区別するようなもっと深い分岐点での話である．維管束植物内で考えると，すべての維管束植物の共通祖先で生じているため，維管束は共有原始形質と考えられる．同じ形質でも，扱う生物群の範囲により，共有派生形質にも共有原始形質にもなりうるのである．

1章 生物界と植物の系統

e. ロゼット型のセルロース合成酵素複合体

陸上植物とシャジクモ藻類の細胞の両者は，ロゼット型のセルロース合成酵素複合体をもつ．細胞膜中に細胞壁のセルロース微小管を合成するロゼット型のタンパク質複合体がある（図1.11）．一方，シャジクモ藻類以外の藻類は線形のセルロース合成タンパク質複合体をもつ．さらに植物とシャジクモ藻類の細胞壁は，他の藻類の細胞壁より高い割合でセルロースを含んでいる．

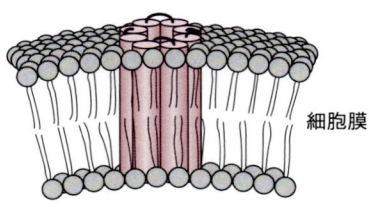

図1.11 ロゼット型のセルロース合成酵素複合体

1.3 陸上植物への道のり

前節で見てきたように，形態学的あるいは分子系統学的証拠により，陸上植物の直系の祖先群はシャジクモ藻綱であることはもはや疑いはない（表1.1，図1.12，図1.13）．シャジクモ藻綱には，ミカヅキモなどの単細胞生物とシャジクモやコレオケーテなどのような多細胞生物が含まれている．それでは陸上植物にもっとも近縁なシャジクモ藻綱内の群は何であろうか？　この疑問に答えるために，さまざまな研究が行われてきた．

表1.1 ストレプト植物と緑藻植物の差異

	緑藻植物	ストレプト植物
鞭毛装置	交叉型	MLS-スプライン型
細胞分裂	ファイコプラスト	フラグモプラスト
グリコール酸経路	グリコール酸デヒドロゲナーゼ	グリコール酸オキシゲナーゼ
Cu/Zn SOD	なし	あり

1.3 陸上植物への道のり

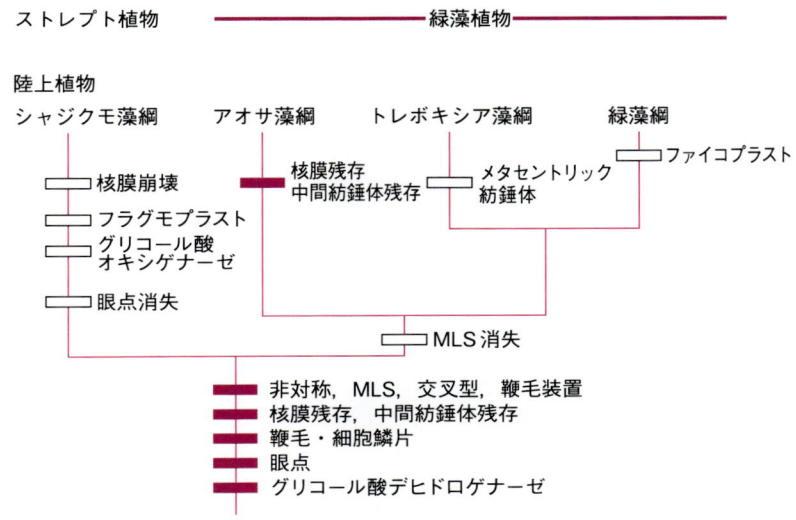

図 1.12 緑色植物の祖先形質と派生形質
陸上植物とシャジクモ藻綱を含むストレプト植物は，
多くの共有派生形質をもつ．（井上，2007を改変）

1.3.1 分子系統学的解析

遺伝子の DNA 塩基配列による分子系統学的研究は，これまで多数の遺伝子を用いて行われたが，その結果は必ずしも一致を見ていない．たとえば *rbcL* 遺伝子や 18S リボソームをもちいた系統解析では陸上植物が単系統であることは強く支持したが，シャジクモ藻綱のどの群が陸上植物に近縁であるかははっきりしなかった（図 1.13，Delwiche *et al.*, 2002）．キャロルらは 4つの遺伝子による系統解析を行い，シャジクモ藻類が陸上植物の姉妹群である系統樹を得た（図 1.14，Karol *et al.*, 2001）．しかし，まだ結論を出せるほど確実な結果ではなく，今後の研究を待つ必要がある．

1.3.2 葉緑体 DNA のイントロン

葉緑体やミトコンドリアゲノム上にある遺伝子のほとんどは，内部にイントロン配列をもたない．これは，原核生物の遺伝子がイントロンをもたないことに由来すると考えられている．しかし，陸上植物では葉緑体ゲノム

■ 1章　生物界と植物の系統

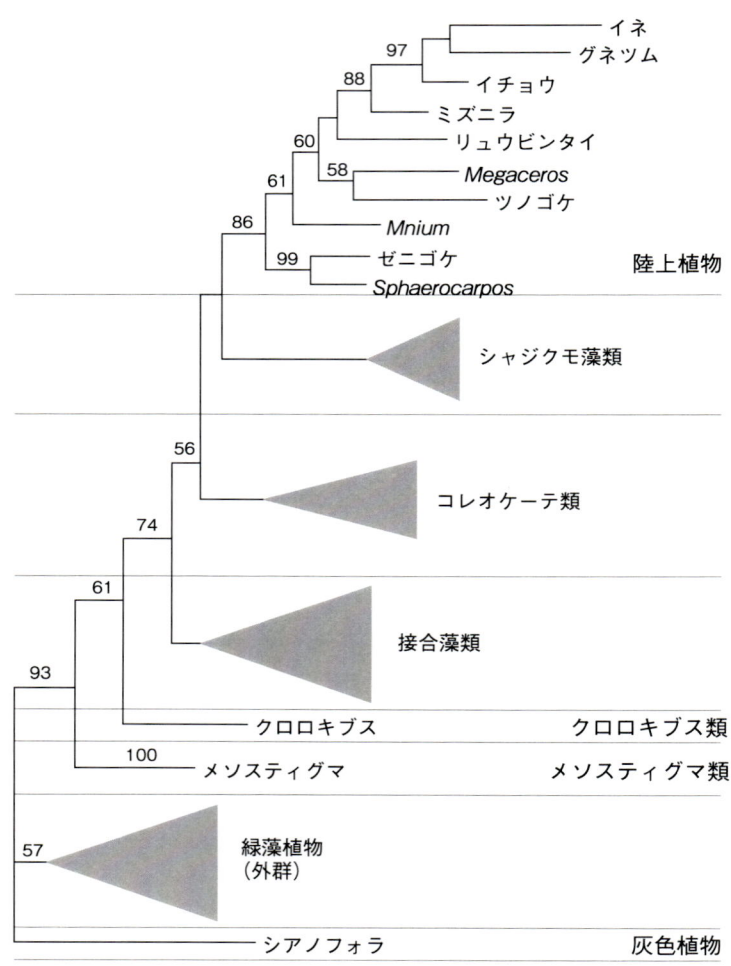

図 1.13　rbcL による植物の系統樹（最尤系統樹）
各枝上の数字はブートストラップ値．（Delwiche *et al.*, 2002 を改変）

1.3 陸上植物への道のり

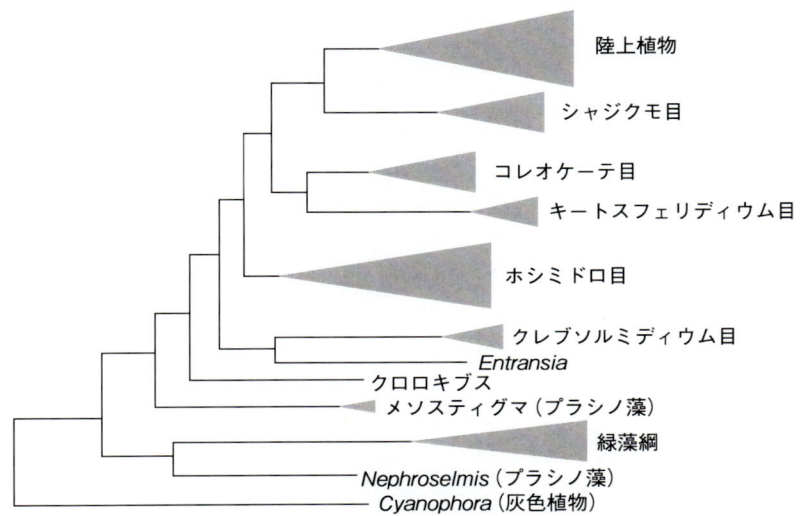

図 1.14　シャジクモ藻類と陸上植物の関係．4遺伝子（*atpB*, *rbcL*（葉緑体），*nad5*（ミトコンドリア），SSU rRNA gene（核）による分子系統樹
この系統樹ではシャジクモ類が陸上植物と姉妹群を形成し，*Mesostigma* がストレプト植物の最初に分岐している．（Karol *et al*., 2001 より作図）

上の *trnI* と *trnA* の遺伝子内にグループ II イントロンが存在することが知られている．この2つの遺伝子内のイントロンについて，緑色植物で広範な調査が行われた．その結果，アオミドロ（接合藻類），フラスコモ（シャジクモ藻類）とコレオケーテには陸上植物と同様なグループ II イントロンが存在した．一方，*trnI* のイントロンはアオミドロ（接合藻類）にはなく，フラスコモとコレオケーテのみに見られた．これは，ストレプト植物の進化過程で，接合藻類とシャジクモ藻類が分岐した後に *trnI* にイントロンが挿入され，陸上植物はこの系統から進化してきたことを示唆する（図 1.15, Manhart & Palmer, 1990）．

これまで行われた研究の多くでは，シャジクモ類あるいはコレオケーテのどちらかが陸上植物に近縁であるという結果が出ている．しかし，図 1.16 に示したような3つの系統樹のうち，どれが本当に正しいものであるかの結

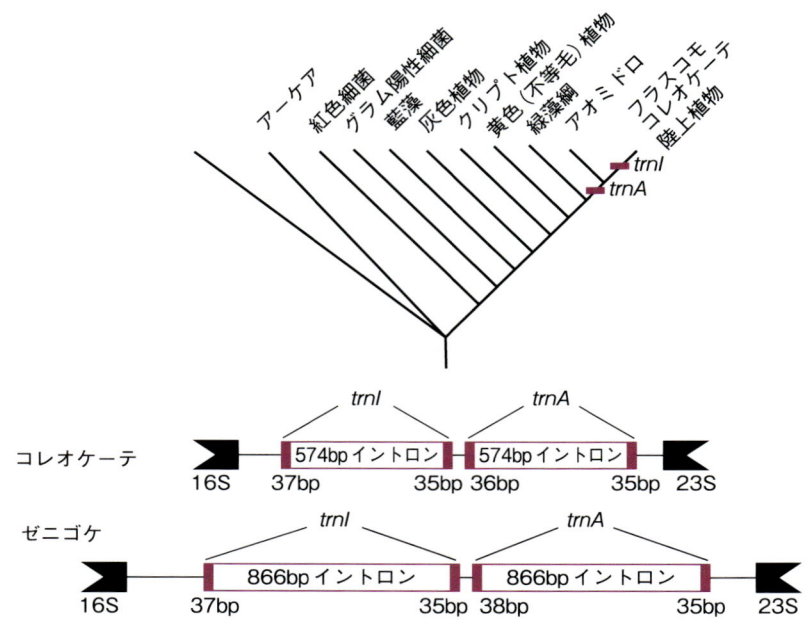

図 1.15　*trnI* と *trnA* 遺伝子内におけるグループ II イントロンの存在
コレオケーテ，フラスコモと陸上植物の葉緑体ゲノムのイソロイシンとアラニンの tRNA 遺伝子（*trnI* と *trnA*）にはイントロンが挿入されている．他の藻類にはみられない．（Manhart & Palmer, 1990 より作図）

論はまだ出ていない．最近になり，ストレプト植物でのゲノムレベルの比較研究が開始されているのでその成果が期待される．

1.3.3　シャジクモとミカヅキモの生活環

　陸上植物の起源と進化を考える際に，ストレプト植物に属する植物群の生活環を考察するのは重要である．ここでは単細胞段階の代表としてミカヅキモと，多細胞体制を獲得した後の代表として陸上植物の姉妹群にあたるシャジクモの生活環を見てゆく．陸上植物の生活環との比較で重要な点は，この 2 種においては複相は接合子の 1 細胞のみであり，生活環の他のステージはすべて単相世代であることである．

1.3 陸上植物への道のり

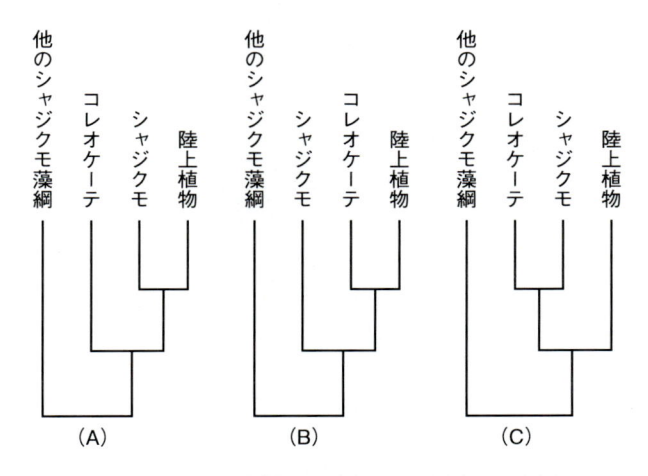

図1.16 シャジクモ藻類と陸上植物の3つの可能性のある系統関係
まだどの系統樹が正しいか決まっていない.

(A) 他のシャジクモ藻綱／コレオケーテ／シャジクモ／陸上植物
(B) 他のシャジクモ藻綱／シャジクモ／コレオケーテ／陸上植物
(C) 他のシャジクモ藻綱／コレオケーテ／シャジクモ／陸上植物

a. ミカヅキモの生活環

ミカヅキモはストレプト植物の中の接合藻類に属する.接合藻類の多くのものは単細胞藻類であるが,アオミドロのように糸状に細胞が連なるものもある.接合藻類では,2つの形態的に同型の細胞同士で細胞の中身を融合させる接合と呼ばれる有性生殖を行う.以下にミカヅキモ類の中で研究が進んでいるヒメミカヅキモの生活環について見てみる.

ヒメミカヅキモ *Closterium peracerosum-strigosum-littorale* complex は有性生殖だけでなく無性的にも増殖する(栄養生殖).周りの環境が生育に適している場合は細胞の分裂により増殖を行う.しかし,栄養飢餓など生育に適さない状態になると有性生殖が誘導される.ヒメミカヅキモでは雄雌による形態的な差は見られないが,雌雄に対応する2つの接合型,+型と−型があり,同じ接合型同士では接合は通常起こらない[1-2].

[1-2] このような接合様式を異型接合(ヘテロタリック)型と呼ぶが,ヒメミカヅキモの中には接合型がなくなった同型接合(ホモタリック)型の株も見つかっている.

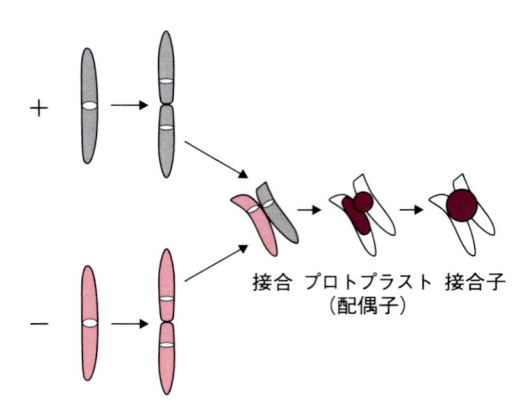

図 1.17 ヒメミカヅキモの有性生殖

ヒメミカヅキモでは有性生殖が誘導されると－型細胞から PR-IP インデューサーという性フェロモンが放出される．PR-IP インデューサーを感知すると，接合可能な＋型細胞は PR-IP という異なった性フェロモンを放出するとともに配偶子嚢細胞に分化する．一方，－型細胞は PR-IP により配偶子嚢細胞へと誘導され，接合が起きる．

　ヒメミカヅキモの細胞は単相（n）である．接合が誘導される条件になると，＋型と－型はそれぞれ性フェロモンを出して互いを認識する（詳しくは図 1.17 の説明を参照）．接合可能な個体同士であれば，細胞は配偶子嚢細胞へと分化する．2 つの細胞の間に連絡橋がつくられ，細胞質が移動して配偶子の核は融合して複相（$2n$）となり，接合子を形成する．接合藻類では，配偶子には鞭毛は見られない．接合子は硬い外壁をもち，環境が生育に適するまで休眠を行う．環境がよくなると接合子は減数分裂を行い，4 つの単相の栄養細胞をつくる．そのため，複相の細胞は接合子のみとなっている．

b. シャジクモの生活環

　シャジクモ *Chara braunii* は多細胞性の藻類であり，生活環はミカヅキモなどの単細胞性藻類に比べて複雑であるが，基本的なしくみは同じである．

　シャジクモの藻体は，水中で上に向かって伸びる主軸と，主軸の節から輪

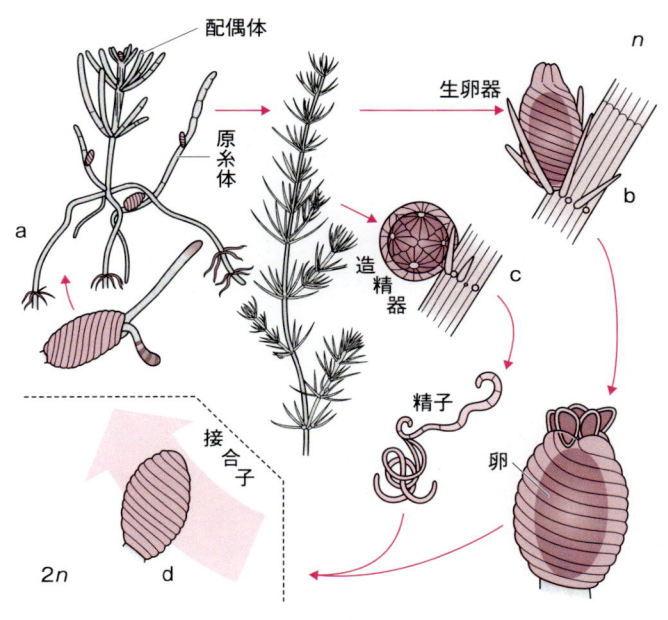

図 1.18　シャジクモの生活環
（今堀，1966 より改変）

生状に生じる側枝，底の泥中に広がるリゾイドからなる（図 1.18a）．シャジクモ類には，1つの株に雄雌両方の生殖器官ができる雌雄同株の種と，どちらか一方のみをつくる雌雄異株の種があるが，シャジクモは雌雄同株である（口絵①）．生殖器官は側枝の節に生じ，造精器と生卵器は通常並んでつく．生卵器は周囲の壁はらせん状にねじれた細胞群により形成され，それぞれの先端に頸細胞が生じる．内部には一個の卵胞子を含む（図 1.18b）．造精器内には多数の遊走子がつくられ，成熟すると水中に放出される（図 1.18c）．放出された遊走子は生卵器まで泳ぎ，生卵器の先端にある頸細胞の間から入り卵細胞にたどり着いたのちに受精して，シャジクモにおいて唯一の複相細胞である接合子を形成する（図 1.18d）．接合子は発芽時に減数分裂を行い単相に戻る．糸状に発芽した先端は主軸となるが，主軸の細胞からリゾイドが分裂し，泥中に広がる．このリゾイドからも新たな主軸が形成される．

1.3.4 植物の定義

前節（1.2）で見てきたように，真核生物の中で光合成生物は原生生物の多くの系統群にまたがり，また，さまざまな進化過程を経て誕生・進化している．そのため，植物界と他の生物界をどのように線引きするかについてはいくつかの異なる意見がある．たとえば，ホイタッカーの五界説では，真核の光合成生物のほとんどは植物界に入れられていた．しかし，この定義では植物界は多系統群になり，系統関係を反映した定義にはならないことが現在では明らかになっている．また，マーグリスとシュワルツのように植物を陸上植物（有胚植物）のみに限定する意見もあり，この定義を使用すると，同じ単系統群に属する狭義の緑藻類やシャジクモ藻類とは異なる界になってし

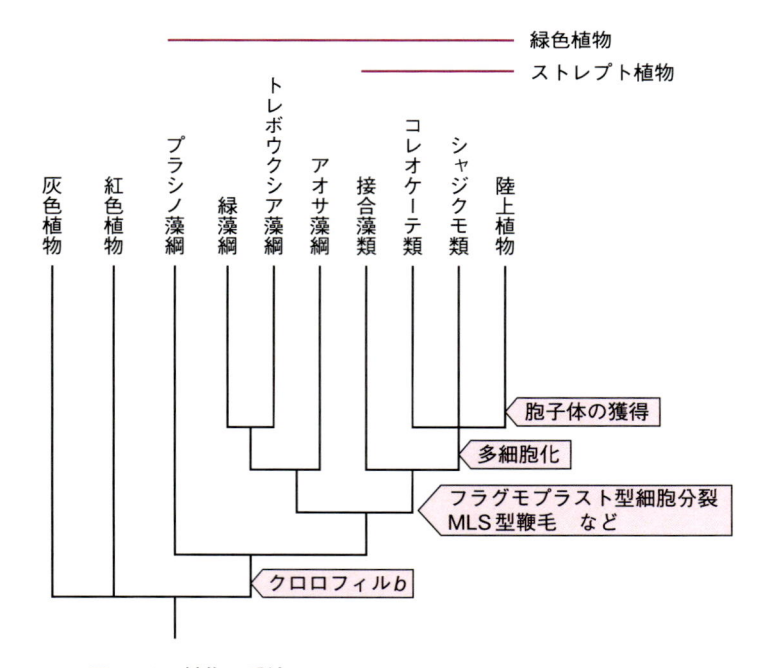

図 1.19　植物の系統
ここでは，植物を一次細胞内共生のみに由来する光合成生物と定義している．陸上植物へ至る系統では，クロロフィル b の獲得など多数の共有派生形質をもつ．

まう．とくにシャジクモ類*1-3とコレオケーテ類は，多細胞生物であり，また陸上植物の直系の祖先系統であることがわかっているため，別の界になるのは実用上も不便である．

そのため，本書では「植物」は「一次細胞内共生のみに由来する光合成生物」という定義を採用する．この定義では緑色植物（広義の緑藻＋陸上植物），紅色植物，灰色植物が属することになる．

---

*1-3　ここでは，シャジクモ類はシャジクモ目を指す．シャジクモ藻類，緑藻類は，それぞれシャジクモ藻綱（＝ストレプト植物），緑藻綱を指す．

2章 陸上植物の特徴

　前章で見てきたように陸上植物は，シャジクモ藻類を姉妹群にもつ．陸上進出を果たした植物は，陸上の環境に適応して新たに獲得したと考えられるさまざまな特徴をもつ．

　その代表的な特徴として頂端分裂組織，世代交代，胞子嚢でつくられる胞子，多細胞の配偶体，多細胞の独立した胚をあげることができる．これらの特徴の中には陸上植物以外の系統にも見られるものがあり，それぞれ独立に進化したものと考えられる．しかし，ここにあげた特徴を，姉妹群であるシャジクモ藻類はもたず，シャジクモ藻類と陸上植物を区別する重要な形質である．以下にそれぞれの特徴について見てゆく．

2.1　頂端分裂組織

　植物細胞は細胞壁をもつため，基本的に植物体内での細胞の移動が起こらないので，個体の成長は原則として細胞の積み重ねによる．陸上環境において，植物は，光合成のための資源をおもに2か所から得ている．この中で光と二酸化炭素は地上で利用可能であるが，水と無機栄養はおもに土壌中から得ることになる．そのため，陸上植物は陸上と地中の両方へ成長する必要がある．陸上植物は，細胞分裂を行う部位である頂端分裂組織（apical meristem）をもち，2つの方向への伸長成長を行っている．頂端分裂組織は通常，植物が生存している限り維持されている．頂端分裂組織によりつくられた細胞は，その後の細胞分化によりさまざまな組織に分化する．

　維管束植物では，通常，茎頂分裂組織と根端分裂組織の2つをもつ[2-1]．

[2-1] コケ植物は根をもたず，原糸体や仮根から水分や栄養分を吸収する（コケ植物の章を参照）．配偶体の茎葉体は茎頂分裂細胞をもつ．

2.1 頂端分裂組織

茎頂分裂組織はシュート（茎と葉）の成長を行い，葉を作り出す．一方，根端分裂組織は根の成長を行う．そのため，複雑な植物の体は地上部と地下部の器官―根と葉を付ける茎で構造的な特殊化が見られる．

茎頂分裂組織の構造は，シダ植物と種子植物では大きく異なる．シダ植物では茎頂の先端に位置する1個の大型の頂端細胞をもつ．この頂端細胞の細胞分裂により新たな細胞が切り出され，伸長成長や葉の形成が行われる（図

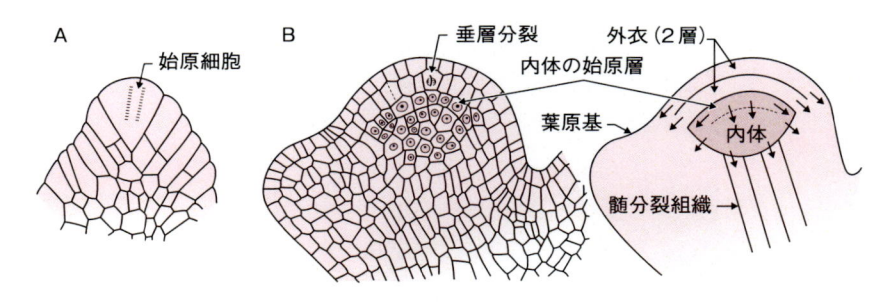

図2.1 シダ植物と，被子植物の頂端茎頂分裂組織
シダ植物（A），被子植物（B）の茎頂構造（Esau, 1960 より改変）

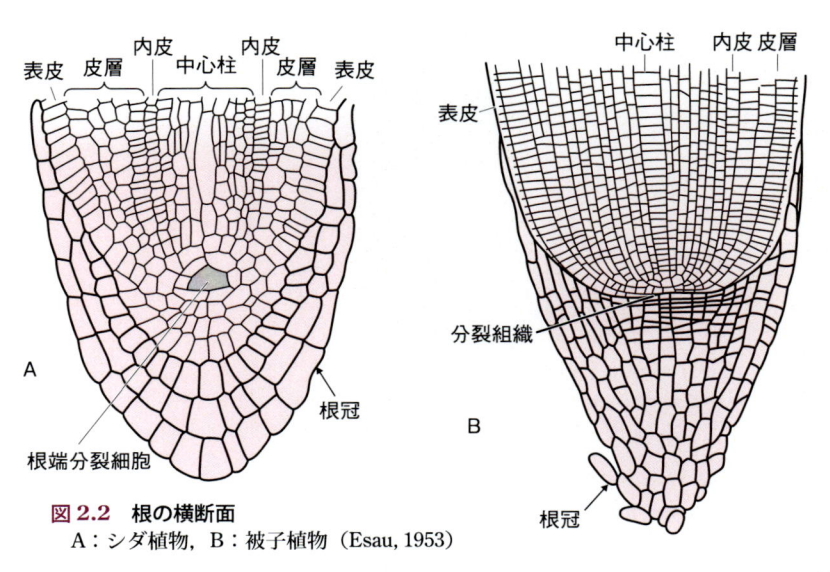

図2.2 根の横断面
A：シダ植物，B：被子植物（Esau, 1953）

2.1A).これに対し種子植物では,茎頂で分裂活性の高い細胞は1つではなく,複数の細胞により,茎頂分裂組織がつくられている.また,これらの細胞群は表皮細胞ではなく,その下層にある内部細胞である(図 2.1B).

茎頂分裂組織と異なり,根の頂端分裂組織は直接露出しないで,根冠が先端につく構造をとっている.茎頂分裂組織と同様に,種子植物では複数の細胞が分裂するが,シダ植物では単一の頂端細胞をもつ(図 2.2).

2.2 胞子体世代

陸上植物は,2つの異なる核相をもつ多細胞体—すなわち複相世代の胞子体と単相世代の配偶体が,互いをつくりあうという生活環をもつ.このような生殖サイクルを世代交代と呼ぶ.藻類の中には,たとえば褐藻類のコンブなど,同様な世代交代をもつものがあるが,陸上植物に近縁なシャジクモ藻類では世代交代は見られない.シャジクモにおいて複相世代は単細胞性の接合子のみであり,接合子は発芽時に減数分裂を行ってすぐに単相世代に戻る.多細胞体の胞子体世代は,シャジクモ藻類では見られず,陸上へ進出を果たした植物が新たに獲得した特徴といえる.

植物の世代交代ではその生活の主体が配偶体から胞子体に移り,さらに配偶体世代が小型化するという進化傾向が見られる(図 2.3).

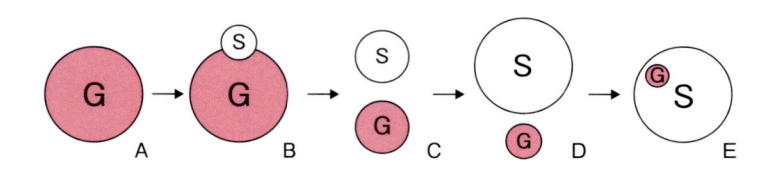

図 2.3 植物における世代交代の進化仮説
陸上植物では胞子体世代の獲得が起き,配偶体世代の小型化が進んでいる.G:配偶体,S:胞子体.A:シャジクモ藻類(配偶体世代のみ),B:コケ植物(胞子体世代が配偶体世代に栄養従属),C:アグラオフィトン(独立の配偶体世代と胞子体世代),D:シダ植物(独立の配偶体世代と胞子体世代),E:種子植物(配偶体世代が胞子体世代に栄養従属)

2.3　有壁胞子

　陸上植物において新たに生じた胞子体は，胞子をつくる胞子嚢と呼ばれる多細胞生殖器官をもつ．胞子嚢内には胞子母細胞とも呼ばれる複相の胞原細胞があり，減数分裂を行って単相の胞子をつくる．この胞子は有糸分裂をくり返して多細胞の単相配偶体に育つ．陸上植物の胞子壁はスポロポレニン重合体と呼ばれる非常に丈夫な物質を含み，周囲の厳しい環境から胞子を守るはたらきをしている．この性質により胞子は乾いた空気中を乾燥することなく分散することが可能になっている．種子植物は胞子をもたないが，胞子にあたる細胞は外気にさらされることはない．しかし花粉の外壁もやはりスポロポレニン重合体を含み，胞子外壁と同様な役割を果たしている（図2.4）．スポロポレニン重合体自体は，シャジクモ藻類の細胞壁でも見られる．

　このスポロポレニン重合体がどのくらい安定した物質であるかは，古い地層や堆積岩の中でもほぼ胞子や花粉の形態を残したままで見られることから想像できる．また，植物化石の研究でフッ化水素で岩石を溶かして内部の化石を露出させる方法があるが，このような強酸にも胞子壁や花粉壁は溶けずに取り出すことができる．

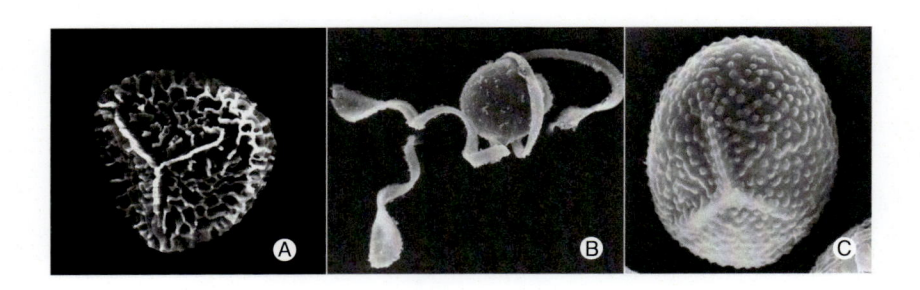

図2.4　シダ植物の胞子
　A：ヒカゲノカズラ，B：ミズトクサ，C：リュウビンタイ（上原浩一博士提供）

■ 2 章　陸上植物の特徴

2.4　多細胞性の胚

　種子をもたない陸上植物では，配偶子嚢（gametangia）と呼ばれる多細胞器官内で配偶子がつくられる．コケやシダでは雌性配偶子嚢は造卵器（archegonia）と呼ばれ，花瓶状の器官内の底部にただ1つの卵細胞をつくる．雄性配偶子嚢は造精器（antheridia）と呼ばれ，内部に多数の精子をつくる．これらの植物の精子は鞭毛を有し，水滴や水の薄層の中を卵に向かって泳ぐ．それぞれの卵は造卵器内で受精し，受精卵はその中で胚発生を始める（図 2.5）．

　陸上植物では，受精卵から多細胞性の胚が発生し，雌親の造卵器の組織内にとどまる．親の組織は発生中の胚の成長に必要な栄養分を供給する．胚

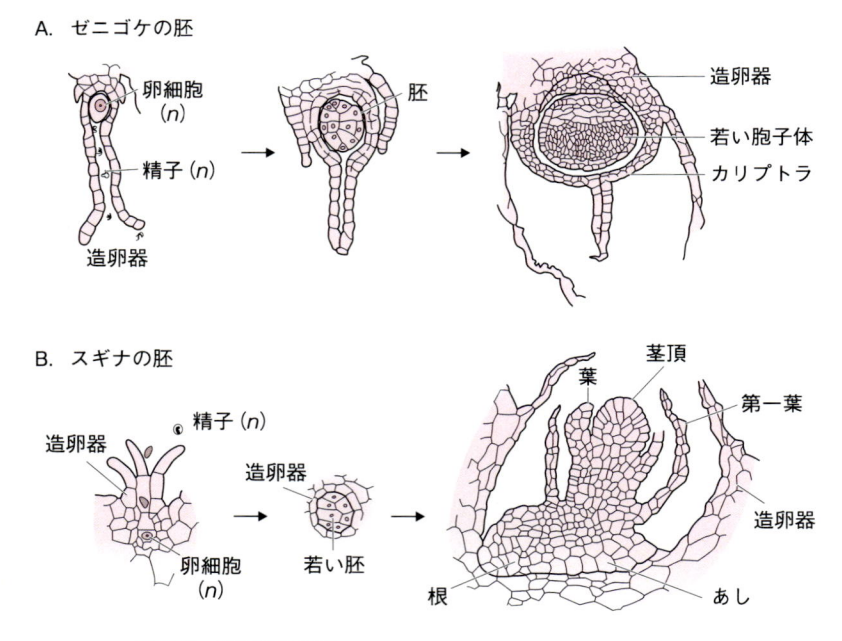

図 2.5　多細胞性の胚
　A：ゼニゴケの胚，B：スギナの胚．陸上植物は多細胞性の造卵器内で受精が行われ，多細胞性の胚が造卵器内で発生する．

2.5 陸上植物に見られるその他の特徴

には栄養の吸収に特殊化した胎座輸送細胞（placental transfer cell）がある．この細胞は母親の組織に隣接し，栄養分を輸送する．多細胞体で，配偶体に栄養を供給させる胚は，シャジクモ藻類では見られない陸上植物のみの特徴である．この特徴から陸上植物は有胚植物（embryophytes）とも呼ばれる．

2.5.1 クチクラ層

陸上に進出した植物は，陸上環境にさらされることになる．中でも，地上部は常に空気にさらされている．この環境に対する適応として，ほとんどの植物の表皮は，ポリエステルとロウの重合体からなるクチクラで覆われている．クチクラ層は防水機構としてはたらき，植物の地上部器官から水の喪失を防ぐ．クチクラ層はまた，菌類や細菌類などの微生物による攻撃からの防御の役目もしている．

2.5.2 気　孔

クチクラ層は，植物体表面から水分が蒸発するのを防ぐが，一方で，表皮細胞と外気との接触も妨げてしまう．陸上植物は，光合成の原料にあたる二酸化炭素や呼吸のための酸素は空気中から取り入れる必要がある．このような外気と植物内部の空気の通道を行う構造が気孔である（図2.6）．気孔は単

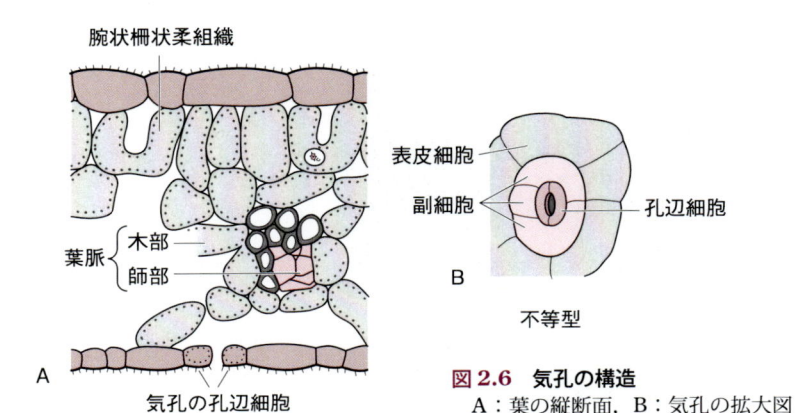

図2.6　気孔の構造
A：葉の縦断面，B：気孔の拡大図

なる表皮にあいた通気口ではない．気孔を形成する孔辺細胞の膨張・収縮により開閉が可能な構造になっていて，水分の喪失を最小限に制御している．

2.6 陸上植物における生殖器官の進化

陸上植物の生殖器官の特徴として，異型配偶子と多細胞性の配偶子嚢をもつことがあげられる．この2つの特徴は，実はシャジクモ藻類がすでにもっていた特徴でもある．

2.6.1 異型配偶子

異型配偶子とは，配偶子に大きさや形の異なった2種類のものが存在することをいう．一般的には大きくて運動性の低いものを雌性配偶子，小さくて運動性の高いものを雄性配偶子と呼ぶ．陸上植物では雌性配偶子は卵細胞，雄性配偶子は精子となっている（コラム 7-2 参照）．

2.6.2 多細胞の配偶子嚢

藻類と比べたときの，陸上植物の配偶子嚢の特徴の1つとして，多細胞性であることがあげられる．シャジクモ藻類の接合藻類（ミカヅキモなど）では，配偶子嚢は単細胞である．シャジクモ類では，生卵器や造精器は多細胞性器官であり，陸上植物と同様の特徴をもつ．しかし，その発生を詳しく観察すると，シャジクモ類では，単細胞の配偶子嚢のまわりを栄養細胞が取り囲む

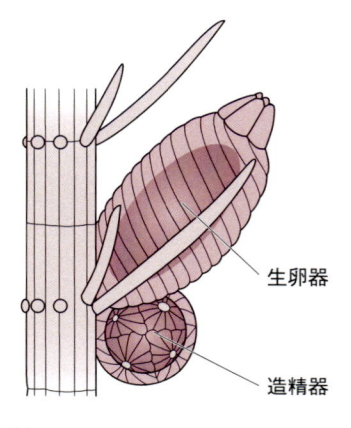

図 2.7 シャジクモ（シャジクモ藻類）の生殖器官
シャジクモ属の生卵器と造精器．生卵器は糸状の配偶体細胞に包まれている．（加藤，1997 より：中島作図〔Smith, 1955 を改変〕）

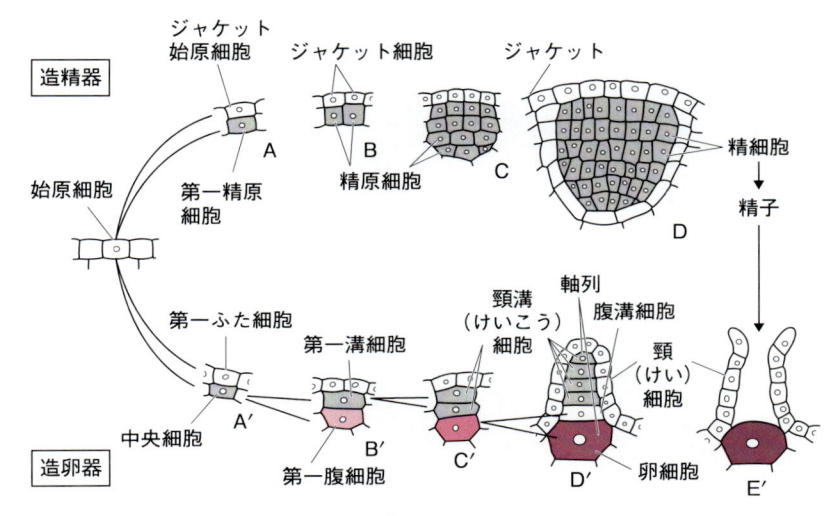

図 2.8 造精器と造卵器の発生過程
造精器と造卵器の発生はともに，1個の始原細胞の平層分裂から始まる．
（戸部，1994 より改図）

ことによりつくられる構造であり，コケ植物やシダ植物などの配偶子嚢である造卵器や造精器とは異なった起源のものと考えられている(図 2.7，図 2.8)．

2.7 茎・葉・根：植物の基本的な構造

現在の地球上でもっとも繁栄している植物群である被子植物では，根，茎，葉という基本構造をもつ (図 2.9)．この3つの基本器官ははっきりとした特徴をもっている．胚の上部の分裂組織は茎とその側生器官である葉をつくる（両者をあわせてシュートと呼ぶ）．胚の下部には幼根がつくられ，成長として根となる．それぞれの形態やはたらきもはっきりしており，茎は地上部で側生器官の保持と水や養分の通り道としてはたらき，根は地下で水分と無機栄養の吸収と植物体の固着のはたらきをし，両者ともに軸状の構造をしている．一方，葉は茎に側生器官として付着し，通常は扁平で光合成を行う．

前項で述べたように，植物の成長は頂端にある分裂組織（あるいは細胞）から新たな細胞が切り出されて積み上がるように行われる．そのため，同様

■ 2章　陸上植物の特徴

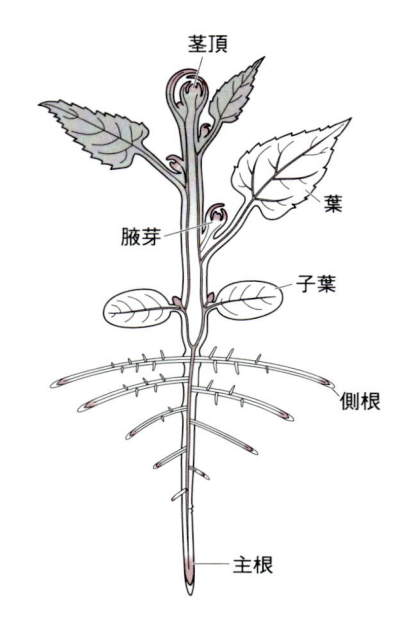

図2.9　植物の基本構造
被子植物の主要器官を示す．
(Troll, 1935 より)

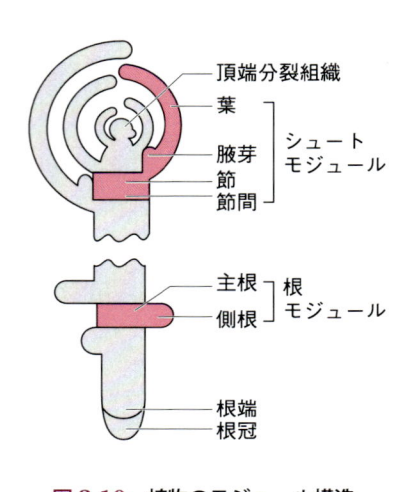

図2.10　植物のモジュール構造
維管束植物の体制．茎と根の先端には分裂組織がある．（加藤，1997 より〔Lyndon, 1990 を改変〕）

な器官が上方，あるいは下方にくり返し配列される．茎では葉，葉腋の腋芽，葉の付く節，および下方の節までの節間が1つの単位となっている．この単位はシュートモジュール*2-2 と呼ばれる(図2.10)．茎と同様に根にもモジュール構造が認識され，側根間の1単位を根モジュールと呼んでいる．

　陸上植物の多くは上記のような基本構造をもつが，根，茎，葉は陸上植物の起源時から存在していた構造ではなく，その進化過程で獲得されていったものである．コケ植物は，根，茎，葉といった基本体制をもっていない．根，茎，葉などは，基本的には胞子体世代の器官であるため，配偶体世代が

---

*2-2　フィトマー phytomer という腋芽を上方のモジュールに加えるという単位が提唱されているが，腋芽は葉腋にできる構造なので植物形態学からみて矛盾がある．

生活環の主要部分を占めるコケ植物ではこのような体制は取っていない．詳しいコケ植物の基本構造はコケ植物の章で述べる．

2.8　最初の陸上植物

　生命が地球上に誕生してから長期にわたってその生活の場は水中であった．古生代に入ってから，生物の陸上への進出が始まった．最初の陸上植物がいつの時代に出現し，どのような形態をしていてどんな生活をしていたか，などの疑問に答えるには化石証拠に頼らざるをえない．しかし，現在，化石として残っているものは過去の多様な生物群のほんの一部であり，またわれわれが目にしているのはそのまた一部に過ぎない．しかし，それでも化石は過去の生物を知る直接的な証拠であり，多くの情報を与えてくれる．以下に初期の陸上植物と考えられる化石について見てゆく．

2.8.1　クックソニア

　現在知られているもっとも古い陸上植物の化石はイギリスの古生代シルル紀の地層（約4億2500万年前）から発見されたクックソニアと名づけられた植物（*Cooksonia pertoni*）である．クックソニアは10cmに満たない小型の植物で，二又分枝した茎の頂端に楕円形の胞子嚢を付ける（図2.11A）．クックソニアの茎には気孔が見られることから陸上生活をしていたと考えられている．同様の形態をした植物はその後北半球の各地から広く見つかっているが，胞子嚢形態や気孔の有無などの差異があり，クックソニア属としてまとめられている植物群は多系統群であるという見解が出されている．

　クックソニアの茎には通道組織が見られるが，細胞壁の肥厚はなく，維管束植物ではない．

2.8.2　ライニー植物群

　スコットランドの下部デボン紀（約3億9千年前）の地層にはライニーチャートと呼ばれている岩石層がある．このライニーチャートはデボン紀の湿地の泥炭層がそのまま珪化したものであり，植物のみでなく菌類や小動物なども見つかり，当時の生態系が保存されたものともいえる．ここに含まれる植物化石は内部組織が保存されている珪化化石で，詳細な観察が可能で

■2章 陸上植物の特徴

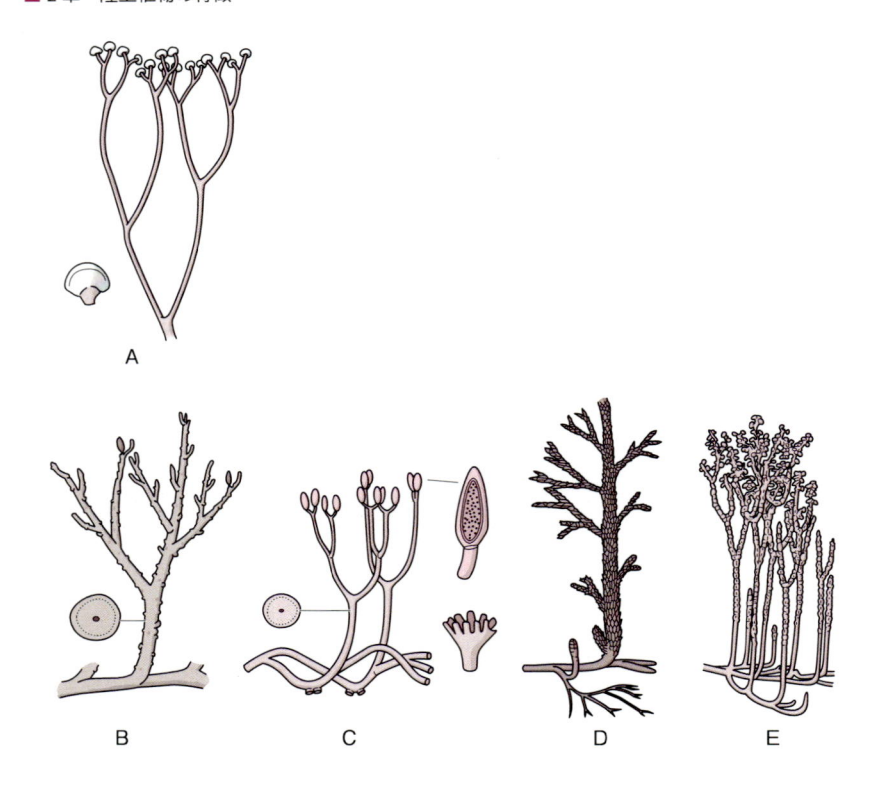

図2.11 初期の陸上植物．クックソニアとライニー植物群（B〜E）
A：クックソニア，B：リニア・ギンボニイ，C：アグラオフィトン・マヨール，D：アステロキシロン，E：ホルネオフィトン

ある．

　ライニーチャートに見られる植物はライニー植物群と総称され，よく研究されてきた（図2.11B〜E，表2.1）．これらの植物は二又分枝をする茎とその茎頂につく胞子嚢で構成されているのが特徴である．

　ライニー植物群として記載されたリニア（ライニア）属には2種，リニア・ギンボニイ *Rhynia gwynne-vaughanii*（図2.11B）とリニア・マヨール *Rhynia major* が知られていた．この2種は近縁の植物と考えられ，復元図も

表 2.1　ライニー植物群の胞子体と配偶体

胞子体	配偶体	
	♀	♂
リニア・ギンボニイ	リオノフィトン・デリカトゥム	リオノフィトン・デリカトゥム
アグラオフィトン・マヨール	リオノフィトン・リニエンシス	リオノフィトン・リニエンシス
ホルネオフィトン・リグニエリ	ランギオフィトン・マキイエイ	ランギオフィトン・マキイエイ
ノチア・アフィラ	—	キドストノフィトン・ディスコイテス

よく似た形態に描かれていた．しかし，この2種についてエドワーズが通道組織を詳細に再検討したところ，リニア・ギンボニイには肥厚した仮道管が観察されたのに対し，リニア・マヨールでは通道組織の細胞には肥厚がなくコケに見られるハイドロイドのような組織であると結論した（Edwards, 1986）．そのため，リニア・ギンボニイは維管束植物であるが，リニア・マヨールは維管束がないため，アグラオフィトン属 *Aglaophyton* という別の属名を与え，復元図も改訂された（図2.11C）．

さらにリニア・ギンボニイに関しても，その後の研究により現在の維管束植物のもつ仮道管とは異なる通道細胞をもつことが明らかになり，リニア属も維管束植物とはいえなくなった．また，ライニー植物群の他の種であるホルネオフィトン *Horneophyton*（図2.11E）もやはり維管束がないことが明らかにされた．

さらにこれらの植物化石の詳細な組織学的研究から，生活史について明らかになってきた．これまで別の植物と考えられて命名されていた化石が，1種の植物の胞子体と配偶体の関係にあることがわかってきたのである．たとえば，アグラオフィトンはリオノフィトン・リニエンシス *Lyonophyton rhyniensis* と呼ばれる造精器を頂端にもった化石と胞子体／配偶体の関係になることが明らかにされた．また，最近，アグラオフィトンの配偶体は雄雌が別の形態に分化した二型性であることもわかってきた．これらの研究により，ライニーチャート植物群のほとんどはほぼ同じサイズの配偶体と胞子体をもっていたことが明らかになってきた（表2.1，図2.12，Taylor *et al.*, 2005）．

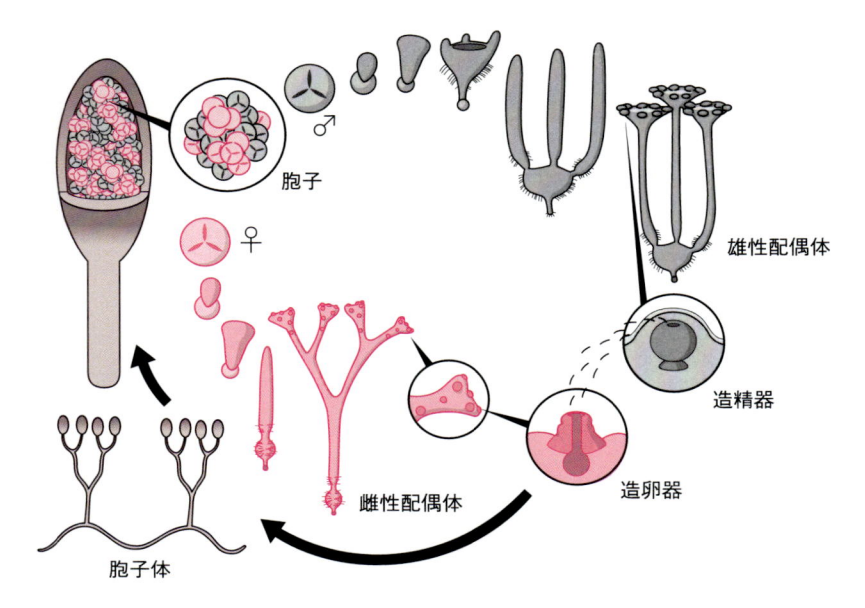

図 2.12 アグラオフィトン・マヨール／リオノフィトン・リニエンシスの生活環
アグラオフィトンとリオノフィトンは同じ植物の胞子体と配偶体であることが明らかになった（Taylor *et al.*, 2005 より）

2.8.3 微化石

　前述のように，現在知られているもっとも古い陸上植物の化石は約4億2500万年前の古生代シルル紀のものである．しかし，陸上植物がもっと古い時代に存在していた痕跡が報告されている．

　肉眼でわかるサイズの化石としてはクックソニアが最古であるが，微化石と呼ばれる微小な胞子などの化石がオルドビス紀からシルル紀にかけての地層から発見されているのである．この中でもっとも古いものは4億7500万年前と推定される地層から見つかっている．これらの胞子化石は，2つまたは4つの胞子が癒合しているため，藻類である可能性も否定できないものであった．しかし，中東のオマーンのオルドビス紀（4億7500万年前）の岩から取り出された胞子化石は，クチクラの中に包埋されていた．この他にも

通道細胞など，明らかに陸上植物由来と思われる組織断片が同時に見られ，この化石は藻類ではなく陸上植物のものと考えられている（Wellman *et al.*, 2003）．

実は，分子系統学的解析の結果もシルル紀より古い時代に陸上植物がいたことを支持している．陸上植物の起源は DNA 塩基配列情報に基づいた解析では，4 億 5000 万年前から 4 億 2500 万年前の間と推定されている（Sanderson *et al.*, 2004）．これは，オマーンから発見された胞子とほぼ同じ時代である．

2.9　コケ植物の生活環

陸上植物に近縁なシャジクモ藻類では世代交代は見られない．複相世代は単細胞性の接合子のみであり，接合子は発芽時に減数分裂を行ってすぐに単相世代に戻る．多細胞体の胞子体世代は，シャジクモ藻類では見られず，陸

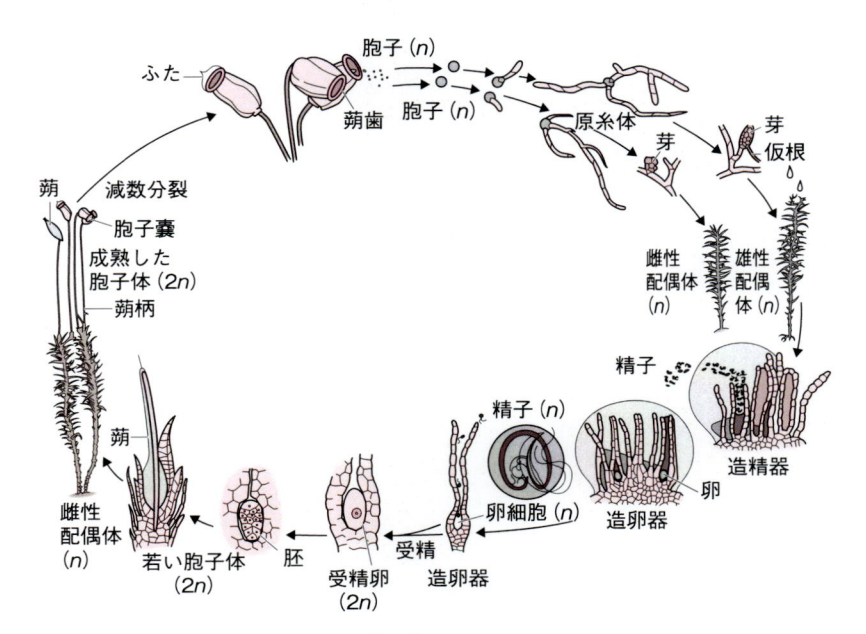

図 2.13　コケ植物の生活環
コケ植物では生活史の主体は配偶体である．胞子体は配偶体上で発生し，栄養を配偶体に依存する．

■ 2 章　陸上植物の特徴

上へ進出を果たした植物が新たに獲得した特徴である．

　コケ植物では，生活の主体が配偶体であり，胞子体は小型で，配偶体上で成長し，養分などは配偶体に依存する．複相の胞子体では，減数分裂により胞子が形成され，単相に戻る．胞子は発芽して，原糸体を伸ばし，配偶体を形成する．配偶体には雌雄が別の株である種と雌雄の生殖器官が同じ株上につく種がある．配偶体上には雌性生殖器官である造卵器と雄性生殖器官である造精器が形成される．この両者ともに多細胞からなる器官であり，造卵器内には雌性配偶体である卵細胞が通常 1 個，造精器内には雄性配偶体である精子が多数形成される．

　精子は造精器から放出されると水の薄層を泳いで造卵器内の卵細胞まで到達し，卵細胞と受精して複相世代の受精卵となる．受精卵は，造卵器内で発生を始め，多細胞の胞子体を形成する（図 2.13）．

3章 維管束植物の特徴

今日の陸上に生育する植物のほとんどは維管束植物と呼ばれる植物群に属する．われわれがふだん見かける植物の体制の多くは維管束植物の進化過程でつくられてきた．維管束植物の詳しい系統関係や形態については次章以降で詳しく見ていくことにして，ここでは維管束植物の特徴について述べる．

3.1 胞子体優占の生活環

コケ植物では生活環の主要部分は配偶体であり，胞子体は小型で配偶体に寄生的となっている．これに対し，維管束植物では胞子体が生活環の主要部分である．言い換えると胞子体が大型で，多数の組織・器官をもつ複雑な体制をもつということになる．種子をもたない維管束植物（ヒカゲノカズラ植物とシダ植物）では，配偶体は小型であるが，わずかな例外を除き栄養的に胞子体から独立して生活している．一方，種子植物では配偶体は微小で単純な構造になり，胞子体に栄養的に依存する（種子植物の章を参照）．

3.1.1 シダ植物の生活環

現生のシダ植物では，植物の生活の主体は複相の胞子体である．配偶体は胞子体に比べて小型であるが，胞子体とは独立した生活をしている．

通常，複相の胞子体上には胞子嚢が形成され，その内部に胞子母細胞がつくられる．胞子母細胞は減数分裂を行い，1個の細胞から4個の単相の胞子がつくられる．胞子は微小で，シダ植物の散布体としてはたらく．胞子は発芽して配偶体を形成する．配偶体上には雌性生殖器官である造卵器と雄性生殖器官である造精器が形成され，造卵器内には雌性配偶体である卵細胞，造精器内には雄性配偶体である精子が形成される．精子は造卵器内の卵細胞まで到達し，卵細胞と受精して複相世代の受精卵となる．受精卵は，造卵器内で発生を始め，胞子体となる（図3.1）．

■ 3章　維管束植物の特徴

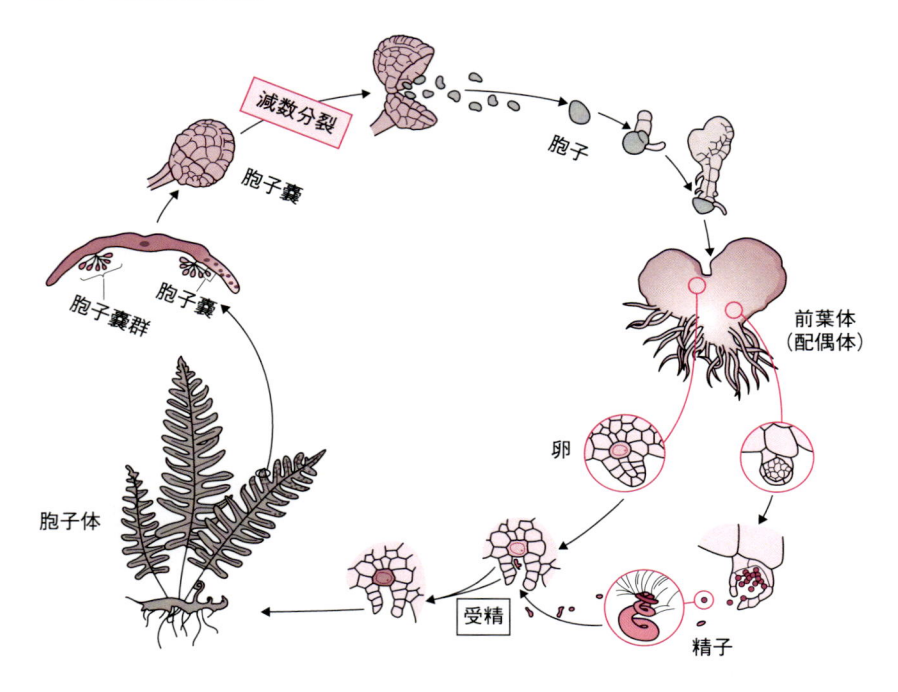

図3.1　シダ植物の生活環
コケ植物では，胞子体と配偶体は独立生活をするが，生活史の主体で大型になるのは胞子体である．

3.1.2　シダ型とコケ型の生活環のどちらが祖先的か？

　一昔前には，シダ植物とコケ植物のどちらが原始的であるかという議論が行われていた．もちろん，現生のコケ植物とシダ植物を区別する維管束の有無を考えれば，維管束のないコケ型から維管束をもつシダ型が出たのは間違いない．この議論では，どちらの生活環が陸上植物において祖先的であるかという点が問題になっていた．

　コケ植物では胞子体は小さく，配偶体上に寄生的に生活する．一方，シダ植物では胞子体が生活の中心であるが，小型の配偶体は胞子体から独立した生活を営むことができる．

3.1 胞子体優占の生活環

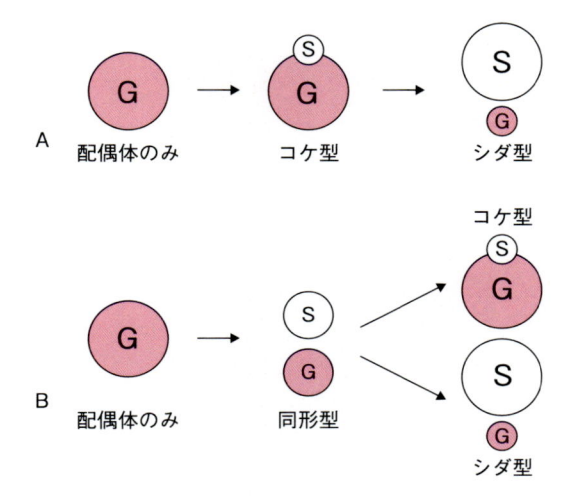

図 3.2　陸上植物における胞子体の起源仮説
A：新たに作られた胞子体は小型で配偶体に寄生するコケ型であるという仮説．B：胞子体と配偶体は同形であったという仮説．現生の植物には同形型はないが，化石植物のアグラオフィトンなどに見られる．（図 2.12 を参照）

　前述のように，胞子体は植物が陸上に進出する際に獲得した新しい世代である．この点から考えると，新たにつくられた胞子体は，シャジクモ藻類の接合子において，減数分裂が少し遅れ，その代わりに体細胞分裂により多細胞の胞子体が形成されたという仮説が可能であり，この仮説によるとコケ型の生活環が祖先的であるということになる（図 3.2A）．
　一方，胞子体が，配偶体のもつ発生システムをそのまま利用してつくられたという仮説に立てば，配偶体と胞子体が同形で独立した生活を送るという生活環が祖先的である（図 3.2B）．このような生活環は現生の陸上植物には見られないが，胞子体と配偶体が独立であることからシダ型ということが可能である．
　この 2 つの仮説のうち，どちらが正しいものであるかは現時点で判断することはできない．ただし，アグラオフィトンなどの初期の陸上植物が，胞子

体と配偶体がほぼ同じ大きさで独立生活をしていたことが明らかになっており，シダ型が祖先的であるという仮説がより可能性が高いと思われる．

3.2 維管束

3.2.1 陸上環境への適応と維管束

植物は，水中生活をしていた祖先から，陸上へ進出してきた．陸上環境においては，光合成や細胞の維持に必要な水を確保することが重要であり，維管束は地下部で吸収した水を地上部に運ぶ役割を担っている．また，水以外にも土壌中からしか得られない無機栄養の運搬も同時に行う．維管束植物では，光合成器官が分化しており，維管束は，光合成産物を他の器官へ輸送するのにも使われている．

陸上環境において，維管束は物質の運搬以外の機能も担っている．維管束の木部は細胞壁が肥厚している．この木化した維管束組織により茎の機械的強度が増し自立することが可能になり，維管束植物はコケ植物よりも高くなることが可能となった．また，木部細胞を大量につくり続けることにより，さらに強固な茎をつくり木本植物として高く成長することができ，陸上における森林の形成につながることになった．

3.2.2 維管束の構造

維管束植物の特徴（共有派生形質）の1つは，もちろん維管束と呼ばれる組織をもつことである．維管束は，シュート，葉，根の内部に形成され，さまざまな物質の運搬経路として使用される．

維管束は木部と師部という2タイプの維管束組織をもつ．木部（xylem）はもっぱら水や無機塩類を輸送する．維管束植物の木部は，管状細胞からなる仮道管（tracheid）あるいは道管（vessel）をもつ（図 3.3）．仮道管は細胞壁だけが残った死細胞であり，細胞壁にはフェノール重合体のリグニン（lignin）が沈着することにより肥厚している．師部（phloem）は，糖やアミノ酸，その他の有機化合物を分配する組織で，生きた輸送細胞からなる．

3.2.3 仮道管要素

植物の通道組織が維管束かどうかを判断する重要な基準は，木部細胞に仮

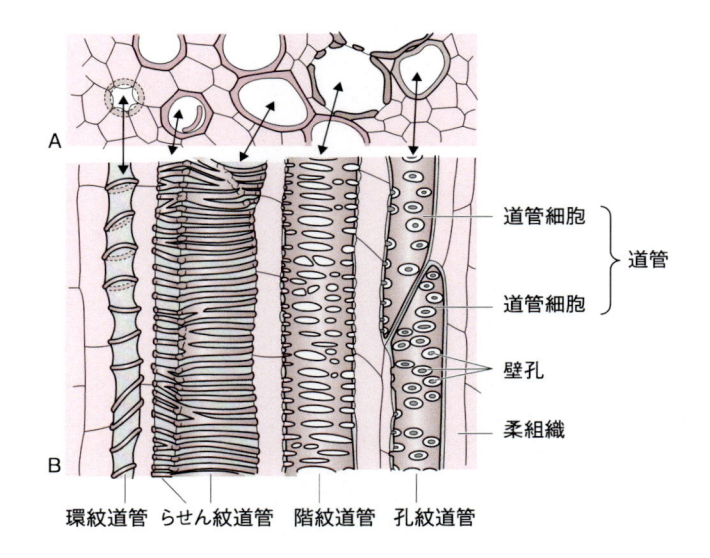

図 3.3　通道組織の模式図（A：横断面，B：縦断面）
被子植物の道管は，細胞壁だけが残った死細胞からなるが，その細胞壁にはさまざまな肥厚のタイプがある．（Esau, 1953 より）

道管があるかどうかという点である．仮道管の細胞壁には，リグニンと呼ばれる物質が，細胞壁に特徴的な模様を描くように沈着して二次肥厚が起きる．これに対し，コケ植物の通道組織ではハイドロイドという仮道管に似た形態の細胞があるが，二次肥厚しないしリグニンの沈着もない．仮道管の特徴は被子植物の道管のところで再びふれる．

3.2.4　中心柱

茎や根では，植物群により維管束の立体的な配置が異なる．この維管束の構造を中心柱と呼び，多様な配置にはそれぞれに名前が付けられている．以下に代表的な中心柱のタイプを紹介する．

原生中心柱：円柱状の維管束により構成されており，中央部も木部などの維管束組織により充填されている．もっとも原始的なタイプの中心柱と考えられている（図 3.4A）．

■ 3章　維管束植物の特徴

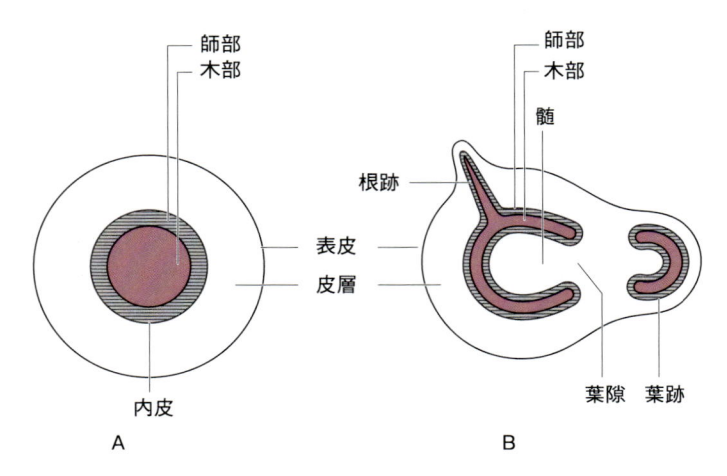

図 3.4　維管束植物の中心柱
A：原生中心柱，B：管状中心柱．Aはもっとも原始的と考えられている原生中心柱であり，内部に髄が生じてBの環状中心柱が進化したと考えられている．

　管状中心柱：中央部に髄と呼ばれる組織をもつ中心柱で，維管束は円筒形になる．管状中心柱では，葉へ維管束を供給するとき，葉隙と呼ばれる隙間が中心柱にできる植物と，葉隙が生じない植物がある．前者はシダ植物でみられ，後者はヒカゲノカズラ植物でみられる（図3.4B）．
　この環状中心柱で，短い距離で多数の葉隙が生じると，維管束は網目状になる．このような中心柱は網状中心柱と呼ばれる．網状中心柱は一見次に紹介する真正中心柱と同様に見えるが，後述のように起源が異なるものである．
　真正中心柱：種子植物に多く見られる中心柱であり，髄の周りを独立した多数の維管束がとり囲む構造をしている．真正中心柱では，かつては維管束のない部分は葉隙と解釈されていた．しかし，維管束の立体的な構造を詳細に追うことにより，個々の維管束は茎に沿って平行に走っていることが明らかになった．そのため，葉隙により網目状になったシダ植物に多く見られる網状中心柱とは起源が異なると考えられている（図3.5）．

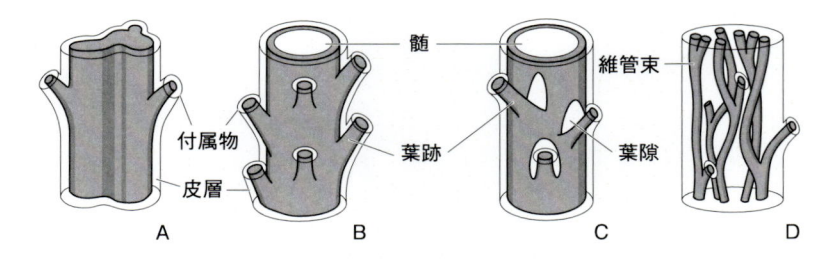

図 3.5 真正中心柱の進化
A：原生中心柱，B, C：管状中心柱，D：真正中心柱．真正中心柱（D）は，葉隙が短い間隔で生じた結果と考えられていたが，化石証拠からこの解釈には疑問が生じた．

3.3 葉の進化

3.3.1 大葉と小葉

葉はおもに光合成を行う器官である．そのため一般的には平面状で表面積を増やすような形態をとり，太陽光をより多く受けられるようになっている．葉は，形態と進化学的な観点から小葉と大葉に分類されている．すべてのヒカゲノカズラ植物は，小さくて通常は1本の葉脈をもつ針状の小葉（microphylls）をもつ．ヒカゲノカズラ植物以外のほとんどの維管束植物は，高度に分枝した維管束系をもつ大葉（macrophylls）を有する．大葉は，小葉に比べて一般的に大きな葉になることから名前が付けられている．大葉では，網状の葉脈により可能になったより大きな葉面積の結果として，小葉より効率的な光合成生産を行うことが可能である．小葉が化石記録に最初に現れるのは約4億1000万年前である．これに対し，大葉はデボン紀の終わり近くの約3億7000万年前まで出現していない．

3.3.2 小葉の進化

小葉は茎の小さな突起として起源したと考えられている．この突起が大きくなり維管束の供給を受けるようになって葉として機能するようになったというシナリオである（図3.6）．小葉には通常一本の維管束脈が入るが，この際，中心柱には葉隙ができない．

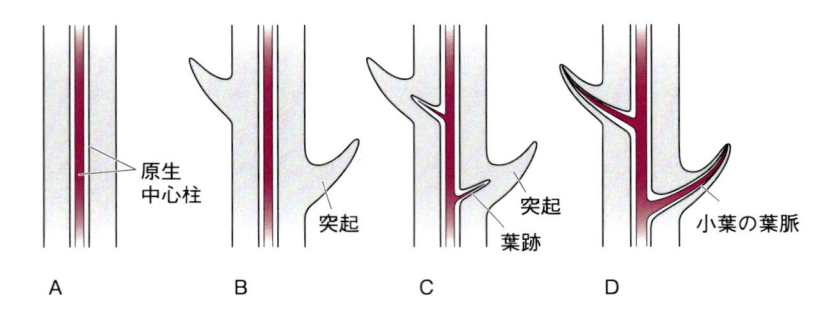

図 3.6 小葉の進化
突起説に基づく小葉の進化. A：原生中心柱をもつ無葉の茎, B：葉跡の無い突起, C：突起に向かって葉跡が出た状態, D：葉に葉脈をもつ通常の小葉.

3.3.3 大葉の進化

　もう一方のタイプの葉である大葉は，茎上の互いに近くにある枝の集まりから進化したと考えられている．テロム説によると，葉は二又分枝したシュートの一部が特殊化して生じたとされている（Zimmermann, 1952）．テロムとは同等二又分枝する先端部の軸構造に付けられた名称であり，中間部にはメソムという名称が付けられている．チンメルマンはテロム，メソムの主軸形成，扁平化，癒合，退化，反転などの変形により陸上植物のさまざまな形態がつくり出されたと考えた．大葉形成の第1段階は同等二又分枝が不等二又分枝に変形することから始まる（図3.7B）．第二段階として，小さい方の二又分枝系が平面化し（図3.7C），その後に「枝」間に葉肉組織が発達して癒合したと考えられている（図3.7D）．このような形成過程について，化石でも支持される証拠があり，トリメロフィトン類はちょうど，不等二又分枝が形成された段階の形態であると考えられている（図3.8）．

3.4 根の進化

　植物が陸上で生活するためには，水や無機栄養分を土壌中から吸収する必要がある．コケ植物ではこれらを仮根と呼ばれる特殊化した細胞により吸収

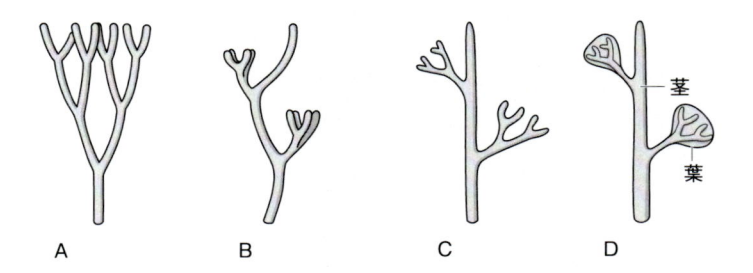

図 3.7　大葉の進化
　テロム説に基づく大葉の進化過程．A：二又分枝した茎，B：不等二又分枝による主軸形成，C：二又分枝した原始的大葉が同一平面上に広がる平面化，D：分枝した大葉が癒合し，葉身ができる．

図 3.8　トリメロフィトン類に属するプシロフィトン *Psilophyton* の復元図

■ 3 章　維管束植物の特徴

しているが，維管束植物では根と呼ばれる新たな器官を獲得している．根はまた，植物を地面に固定するはたらきをもつ．根をもつことにより，茎がさらに高くに成長することが可能になったと思われる．

3.4.1　根の構造

一般的な種子植物では発芽時に一次根を延ばし，主根となる．単子葉植物の多くは一次根がすぐに枯れ，茎から多数の不定根を出すため，いわゆる「ひげ根」になる．一次根は通常は胚の発生時に下胚軸の下につくられる幼根が伸びたものであるが，イネ科に見られるように胚で幼根が発達せず，内生的に発生した根が一次根となる植物もある（図 3.9）．

根の内部構造は外側から，表皮，皮層，内皮，中心柱となっている．種子植物では，茎では真正中心柱であっても，根では木部と師部が分離した状態になる．

3.4.2　根の発生様式

根の発生は一般的に内生発生といわれている．内生発生では，新たな器官がつくられるときに表層細胞は関与せず，内部組織の細胞分裂により生じ，

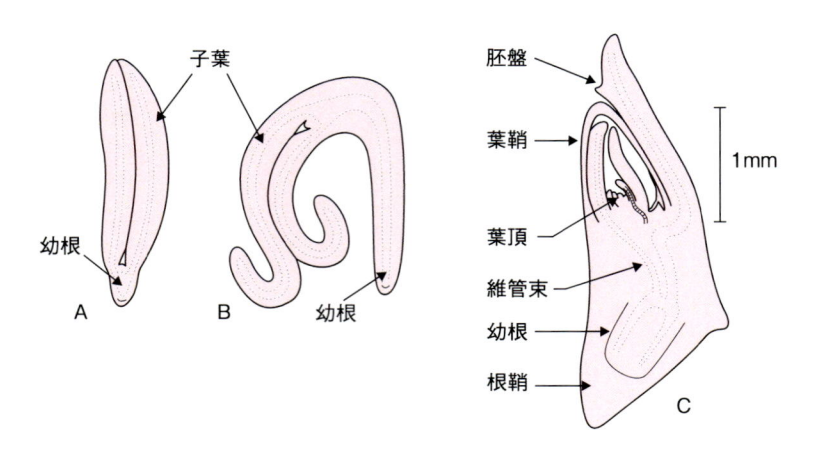

図 3.9　被子植物の胚の形態
A：ナシ，B：トマト，C：イネ（Esau, 1953 より）

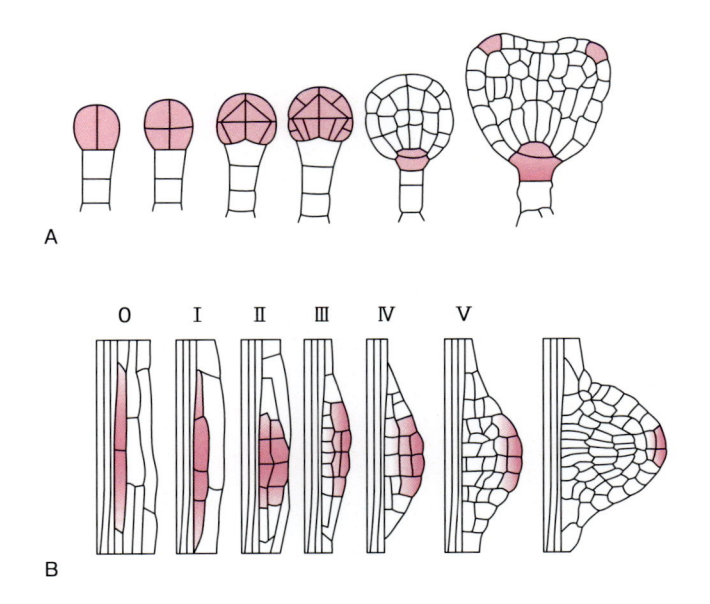

図 3.10　根の発生様式
　　A：胚の発生．一次根は胚の下部に形成される．B：根の内生発生

　表皮細胞を貫通して成長する（図 3.10）．これに対し，茎や葉で見られる外生発生では表層細胞を含んだ原基から新たな器官がつくられる．
　内生発生は根のもつ特徴と考えられるが，実はすべての植物群の根が内生発生をするわけではない．小葉をもつヒカゲノカズラ植物の一部では根は外生発生をする．クラマゴケ類での根の発生様式の研究の結果，根の頂端細胞が分裂活性を失い，その後に 1 対の新たな頂端細胞が生じることが明らかになった．その結果，根は二又分枝することになる（加藤, 1999）．ヒカゲノカズラ植物以外の維管束植物，すなわち大葉をもつとされる種子植物とシダ植物では，根は前述の内生発生を行い，そのため根は基本的に単軸分枝となる．

3.4.3 根の起源

根の発生と分枝の違いは，維管束植物の系統を反映している．コケ植物を含む非維管束植物や初期の維管束植物が根をもっていないことは，維管束植物の進化の初期に根が生じたことを示している．実は根の起源に関してはまだよくわかっていない．大葉をもつ植物では，茎や葉はテロム起源と考えられていることから，根も同様にテロム起源とする説もある．一方，ヒカゲノカズラ植物に属する化石植物のリンボク類では，リゾモルフと呼ばれる器官に根が生じるが，この根は茎につく葉と相同であるという説が出されている(Rothwell & Erwin, 1985)．これらの説が正しいかどうかはまだ明らかではないが，2つのタイプの根の違いがはっきりしていて中間的なものは存在しないこと，各タイプの根をもつ植物群はそれぞれ単系統群であることから，両タイプの根の起源は独立である可能性が高い．

4章 種子の起源と種子植物の特徴

種子植物の特徴はいうまでもなく種子をつくることである．種子とは，次世代植物となる胚を栄養分とともに包みこんで保護し，親個体から離れて散布されることが可能な構造である．現生の種子植物は，裸子植物と被子植物よりなる．

4.1 種子とは

植物は自ら動けないため，移動や分布の拡大には散布体が利用される．陸上植物のおもな散布体は胞子と種子（と花粉）である．胞子はシダ植物やコケ植物の散布体であり，胞子体の胞子嚢内で減数分裂を経てつくられる．通常，胞子は非常に小型で風により運ばれる．胞子は発芽すると配偶体を形成する．これに対し，種子内部の胚は胞子体の幼植物であり，外壁を母親の組織由来の種皮で囲まれている．種子は胞子と比べて大きく，しばしば内部に発芽時の栄養分として用いられる胚乳をもつ（図 4.1）．

種子が進化する重要な前提として異型胞子性がある．異型胞子性とは大きさや形が異なった雄・雌の胞子を形成することである．陸上植物において，異型胞子性をもつものは種子植物のみではない．実際，ヒカゲノカズラ植物のクラマゴケ類とミズニラ類は異型胞子性である（p. 119 のコラム 7-2 を参照）．陸上植物の系統関係や，両者の異型胞子の形成過程を比較すると，このヒカゲノカズラ植物と種子植物の異型胞子性は独立に進化したものと考えられている．

種子植物では，雌性配偶体は胚珠内の胚嚢であり，配偶子は胚嚢内に形成される卵細胞である．胚嚢は完全に胚珠内に包み込まれ，養分等は母親の組織である胚珠から供給される（図 4.2）．これに対し，雄性配偶体は花粉粒の内部につくられ，雄性配偶子は花粉粒により運ばれる．雄性配偶子は花粉管

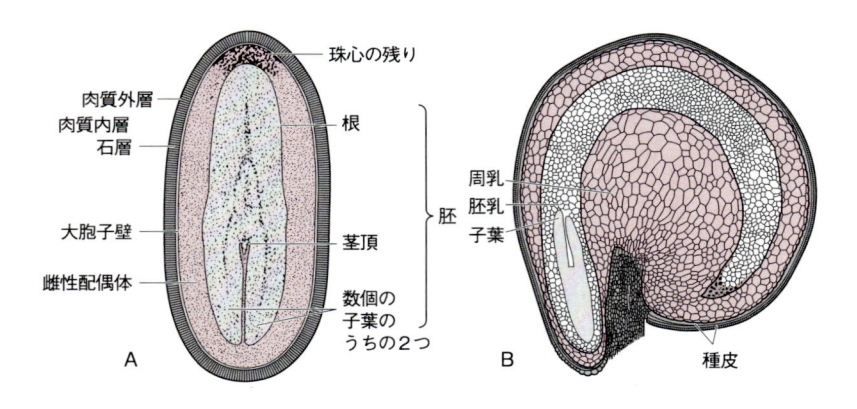

図 4.1　種子の構造
A：裸子植物（*Pinus nigra*），B：被子植物（*Beta vulgaris*）

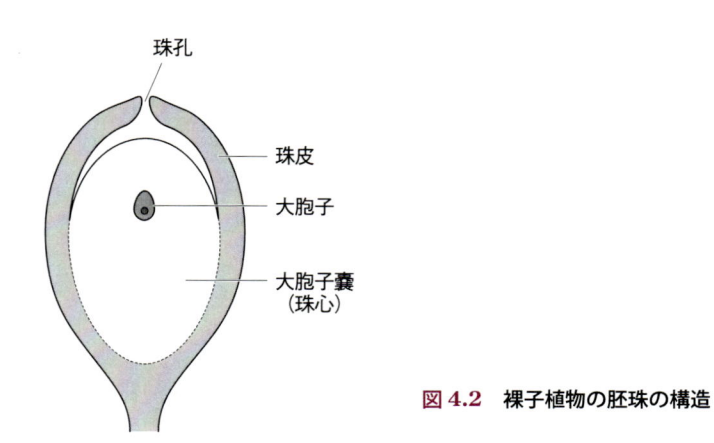

図 4.2　裸子植物の胚珠の構造

により雌性配偶体まで運ばれる．多くの場合，雄性配偶体は雄性核のみであるが，ソテツ類やイチョウでは鞭毛をもつ精子がつくられ，自力で遊泳可能である．種子植物の各群の詳細な構造と受精様式については 7 章の裸子植物と被子植物の項目で解説する．

4.2 種子の起源

種子の起源を考えるには，成長して種子となる胚珠の起源を考える必要がある．胚珠は，雌性配偶体である胚嚢を含む雌性胞子嚢を雌胞子体の組織が包み込んだものである（図4.2）．

胚珠の起源については，チンメルマンのテロム仮説を拡張することにより説明が可能である．ウォルトンは，大胞子嚢がテロムにより包み込まれることででき上がったという仮説を提案している（図4.3A-D，Walton, 1953）．

実際に種子あるいは胚珠がどのように起源して来たかについては，化石の証拠に頼る必要がある．現在知られているもっとも古い種子の化石は，ベルギー産のモレスネチア *Moresnetia* とアメリカ合衆国西バージニア州産のエルキンシア *Elkinsia* である．両者ともに約3億7000万年前のデボン紀後期の化石植物である（図4.3E）．

この両者の形態はよく似ていて，珠心を取り囲む珠皮のテロム構造の癒合が不完全である．このような構造は前胚珠と呼ばれている．前胚珠は受精後

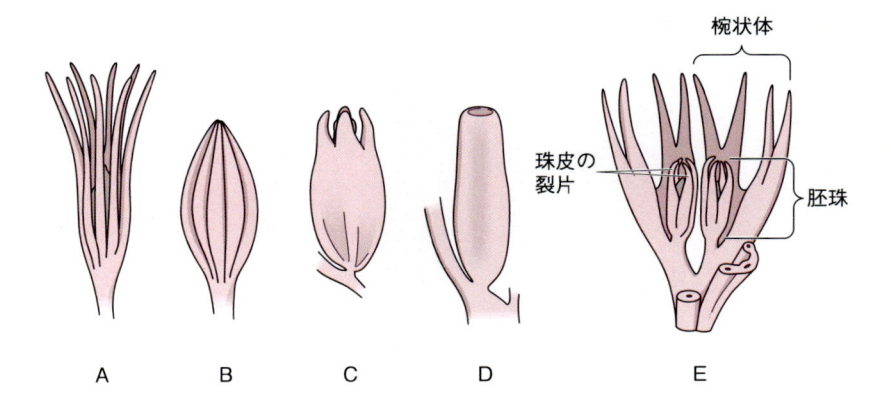

図 4.3　胚珠のテロム起源仮説を支持する化石証拠
A：*Genomospermum kidstonii*，B：*Genomospermum latens*，C：*Eurystoma angulare*，D：*Stamnostoma huttonense*，E：デボン紀後期（約3億7000万年前）のエルキンシア *Elkinsia* の胚珠と胞子葉（椀状体）

■4章　種子の起源と種子植物の特徴

にテロム構造が癒合して珠心を完全に包み込んだと考えられている．

　裸子植物は，種子を形成する植物であり，裸子植物の起源はすなわち種子を付ける植物がどのような植物群から進化してきたかという問題である．化石の証拠によると，木本で裸子植物のような形態をしていたが，胞子を付ける原裸子植物と呼ばれる植物群が存在したことが知られている．

4.3　種子化石における2つのタイプ

　初期の化石種子の研究が進むにつれ，2つのタイプの種子があることが明らかになってきた．パキテスタ *Pachytesta* はシダ種子植物のメドゥロサ *Medullosa* の種子であることがわかっている．珠皮は1枚であり，珠心は珠皮とは離れていて短い柄上につく．維管束は珠皮と珠心にそれぞれ入る（図4.4B）．

　ラゲノストマ *Lagenostoma* は比較的小型で，リギノプテリスの種子であることがわかっている．珠皮と珠心は先端部以外ほとんど癒合している．珠皮

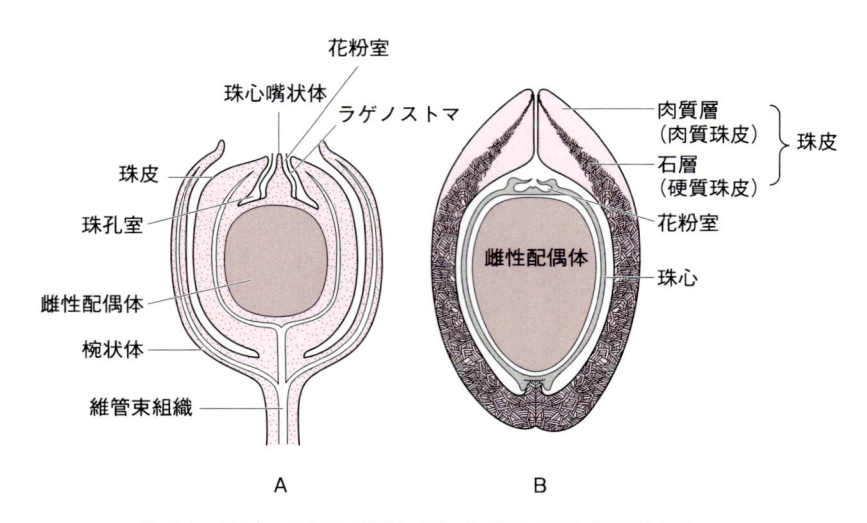

図 4.4　ラゲノストマ型種子（A）とパキテスタ型種子（B）
　レゲノストマはリギノプテリスの，パキテスタはメドゥロサの種子であることがわかっている．

の外側には椀状体がある．維管束は珠皮のみに入り，珠心には入らない（図4.4A）．

この両タイプの種子と現生の種子植物の系統的な関係はまだよくわかっていない．しかし，種子が誕生した初期に2つの異なるタイプの種子が存在していたことは確かであり，ひょっとしたら種子の起源は複数回あった可能性もある．

4.4　種子植物の起源：原裸子植物

後期デボン紀に存在していたアルカエオプテリス *Archaeopteris* は異型胞子性であるが種子をもたず，材をつくる木本植物である．もともとアルカエオプテリスという名前は，ドーソンにより後期デボン紀の地層から発見された羽状に分裂した葉に付けられたものである（Dawson, 1871）．当初，このアルカエオプテリスは胞子嚢を葉の裂片につけていたため，シダ植物の葉と考えられていた．一方，同じ地層からカリキシロン *Callixylon* と名づけられた珪化木がしばしば見つかっていた．このカリキシロンは直径1.5mにも成

図4.5　アルカエオプテリスの復元図

長し，現在の針葉樹に見られるような特徴の材構造をもっていたため裸子植物の幹と考えられていた．しかし，1960年に米国ニューヨーク州からカリキシロンとつながったアルカエオプテリスの葉の化石が発見され，両者が同一植物の幹と葉であることが確認された（Beck, 1960; 1962）．

アルカエオプテリスのように種子植物への移行的な形態をもつ無種子維管束植物は原裸子植物（progymnosperms）と呼ばれている．

原裸子植物はトリメロフィトン類（図 3.8）から生じたと考えられており，トリメロフィトン類が多様化するデボン紀中期にはすでにクロッシア *Crossia* やレリミア *Rellimia* などの他の原裸子植物も出現している（Stewart & Rothwell, 1993）．

4.5　裸子植物の生活環

シダ植物などの無種子維管束植物と種子植物では生活環が大きく違っている．これは種子をつくるという特徴と関連している．シダ植物では胞子体が生活環の中心となっているが，配偶体は胞子体とは独立して生存している（図 3.1）．一方，種子をつくるようになった裸子植物では配偶体は小型化し，もはや独立した生活をおくれず，胞子体に栄養的に寄生するようになっている．また，種子植物ではすべての植物は異型配偶体をもち，雄性生殖器官，雌性生殖器官が分化する（図 4.6）．

裸子植物では，受精は胞子体の生殖器官である胚珠内で行われることになる．それにともない，雄性配偶子（精子あるいは精核）の雌性配偶子（卵細胞）への移動は花粉粒で行われる．コケ植物やシダ植物では精子は自ら泳いで卵細胞へ移動するため，受精には水が不可欠である．一方，裸子植物では花粉として胚珠まで移動するため外部の水を必要とせず，また，長距離の移動が可能になっている．

以下では球果類に属するマツを例にして裸子植物の生活環の詳細を見ていく（図 4.6）．裸子植物では種子生産にかかる時間が長いものがあるが，マツ属では生殖器官がつくられてから実際に種子が成熟するため 2 年半という長い時間がかかる．

4.5 裸子植物の生活環

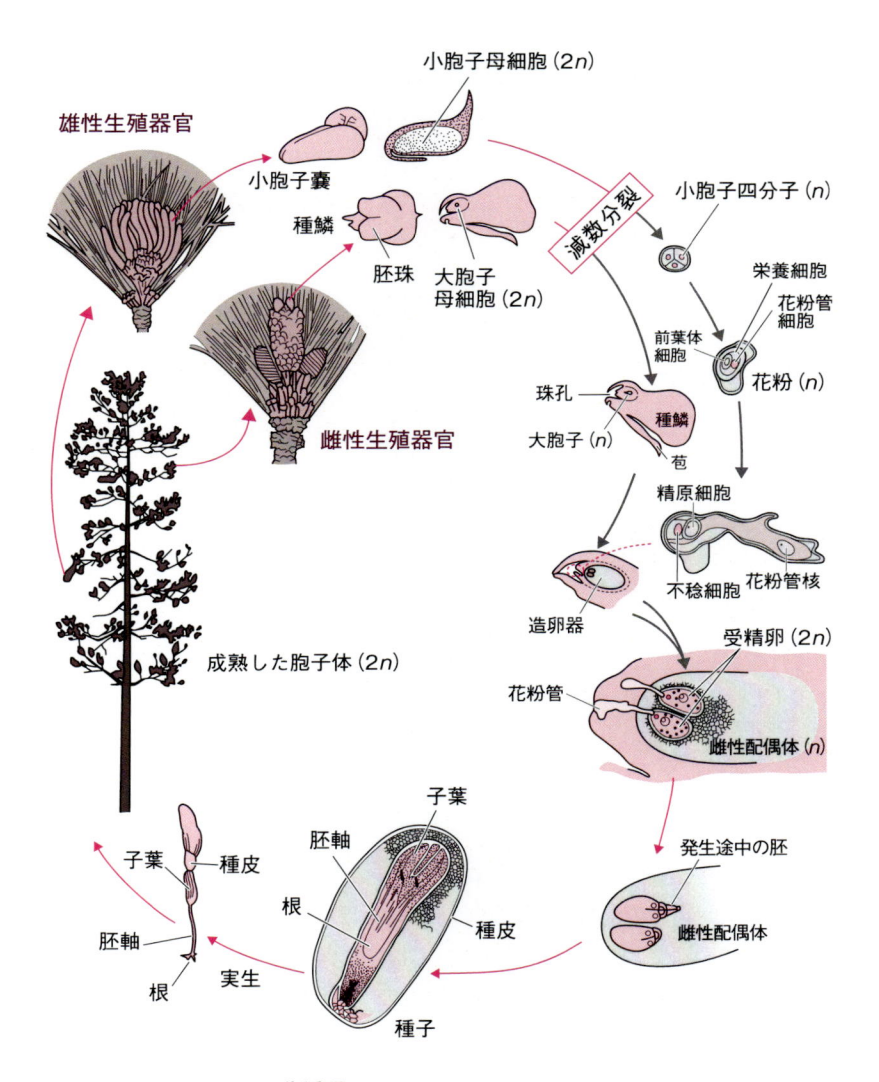

図 4.6　マツの生活環
　裸子植物の生活史の主体は胞子体である．配偶体は小型化して胞子体内で発生し，胞子体から栄養を供給される．雄の配偶体は花粉内に，雌の配偶体は胚珠内に作られる．詳細は本文参照．

a. 雄性配偶体

マツ属では，小胞子嚢穂は春に発生を開始し，花粉粒が成熟するには翌年の春まで待たないといけない．小胞子母細胞（$2n$）は減数分裂により4個の小胞子（n）を生じる．2年後の小胞子嚢が裂開する直前に雄性配偶体の形成が始まる．雄性配偶体は，小胞子から3回の有糸分裂をへて，2個の前葉体細胞，雄原細胞と花粉管細胞という4細胞性となる．2年目の春から夏にかけて花粉が散布され，胚珠の珠孔から分泌される受粉滴に付着して受粉する．受粉から受精までは通常1年かかる．受粉後に花粉粒は発芽して花粉管を伸ばし，雄原細胞は有糸分裂を行って不稔細胞と精原細胞ができる．受精の1週間前になると精原細胞はさらに分裂を行い，大きさの異なる2個の雄性配偶子がつくられる．卵細胞までは花粉管伸長により運ばれる．

b. 雌性配偶体

珠心の奥深くに大胞子母細胞（$2n$）が形成される．その後，減数分裂により基本的には4個の大胞子（n）がつくられるが，3個の場合もあり，その数は種により変異があることが観察されている．いずれの場合も珠孔からもっとも離れた1細胞が残り，他の細胞は消滅する．大胞子は細胞の分裂を伴わない遊離核分裂を行い，長い休眠に入る前に32個の核が生じる．翌春に成長が再開するとさらに遊離核分裂が起こり，数千個の遊離核がつくられる．この後，細胞壁が形成され，多細胞の雌性配偶体となる．

造卵器発生の始まりは，配偶体の珠孔端の表皮細胞から始原細胞が生じ，並層分裂により表層側の一次首細胞と内側の大きな中央細胞が生じる．一次首細胞は2回の垂層分裂により4個の首細胞が生じるが，さらに並層分裂をして首細胞が8個になる種もある．中央細胞は分裂をして大きな卵細胞と小さな腹溝細胞となる．

c. 受精と胚発生

発芽した花粉管は珠心の細胞壁を溶かしながら雌性配偶体まで進む．造卵器の首細胞に達すると，その細胞間を突き進んで2個の雄性配偶子，花粉管核，不稔細胞を卵細胞中に放出する．受精は大きな雄性配偶子と卵細胞の核により行われる．

受精により生じた受精卵は胚珠内で細胞分裂をくり返し，胞子体の幼植物である胚になる．それに伴い胚珠は種子となり，親植物から離れて散布される．

5章 被子植物の特徴と花の起源

　被子植物とは花を咲かせる植物であり，花を持つことによって今日見られるような多様化と陸上生態系での繁栄が可能になったと考えられている．花は私たちの日常生活に潤いを与える存在であり，身近なものである．このような花とはいったいどのようにしてできあがったものであろうか？

5.1 花

5.1.1 花の構造

　花は，被子植物にのみ見られる構造で，有性生殖を行うためのものである．花は1つの軸（花床）上に雌雄の胞子葉とそれを取り囲む栄養葉がならんだ複合器官である．一般的には外側より　がく片，花弁，雄ずい（おしべ），心皮と呼ばれる4種類の器官が生じる（図5.1）．花の器官の中でがく片と花弁は，直接に生殖に関与せず，それぞれつぼみ時の花の保護，花粉を運搬する送粉者の誘因などの機能をもつ．これらの2つの器官は花被と総称される．これに対し，雄ずい，心皮は，直接生殖に関与する器官である．雄ずいは，雄の生殖器官であり，小胞子葉に対応する．雄ずいは，葯の内部で花粉を生産し雄性配偶子である精細胞をつくる．一方，心皮は単独あるいは複数が集まり雌ずい（めしべ）を形成する．心皮は大胞子葉に対応し，内部には胚珠をつけ，胚珠内には雌性配偶体である胚嚢を形成する．

　種子植物の生殖器官を比較してみると，裸子植物では，一部の化石のみから知られている群（たとえば キカデオイデア，p.141を参照）を除き，雄の生殖器官と雌の生殖器官は，それぞれ独立した軸上に形成される．これに対し，被子植物では通常，1つの軸（花床）上に4種類の花器官が密集して形成される．雄花と雌花が存在する雌雄異花や，雄個体と雌個体がある雌雄異株などの例も見られるが，化石や現生の原始的被子植物の花の構造などから

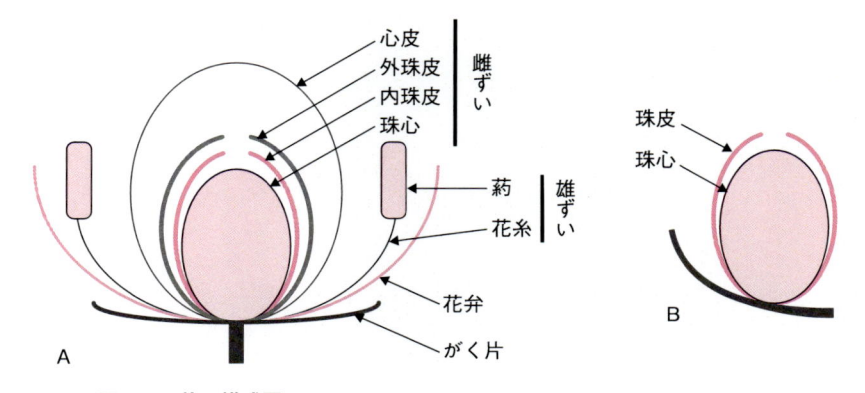

図 5.1 花の模式図
A：被子植物の花，B：裸子植物の胚珠．被子植物の胚珠は，裸子植物と比べると外珠皮，心皮という2つの構造でさらに保護されている．

考えると，雌雄の両生殖器官をもった花が原始的と考えられる．雌の生殖器官を構成する心皮と雄の生殖器官である雄ずいは，それぞれ大胞子葉，小胞子葉に相当し，両者が同じ軸上に連続してつくられている．また，ほとんどすべての花で雄ずいが外側（下部）で，心皮が内側（上部）という順序である．

5.1.2 花 被

　花被とは，花の器官の中で，直接生殖に関与しない2種類の器官，がく片と花弁を総称したものである．一般的な花では，がく片と花弁では色や形が異なる．しかし，ユリの花などのようにがく片と花弁の区別がはっきりしないこともあり，このような場合はそれぞれ外花被，内花被と呼ばれる（図5.2B）．通常，花被は生殖器官である雄ずい，心皮の外側に位置する．一般的な花はがく片・花弁（あるいは外花被，内花被）をもつが，1種類の花被しかもたない，あるいはまったく花被をもたない花（センリョウやコショウなど）も存在する（図5.2）．

a. がく片

　植物形態学では，花の最外輪の非生殖器官はがく（萼）と定義されている．そのため，1種類の花被しかもたない場合には，アネモネやコウホネの花などのように，たとえその器官が大きく鮮やかな色がついていても花弁ではな

■5章　被子植物の特徴と花の起源

図5.2　いろいろな花
A：キンポウゲ，B：ヤマユリ，C：キキョウ

く，がく片と呼ばれる．がく片は，内部の他の器官を保護する役割を担っている．

b. 花　弁

花弁は一般的にがく片に比べて大きく，また，さまざまな色をもち，目立つようになっている．これらは，昆虫などの送粉者を誘引する役割を果たしていると考えられている（図5.2）．実際，受粉の際に送粉者が必要ない風媒花では，花弁が小型で目立たない色をしていたり，花弁を欠いたりする場合が多く見られる．また，花弁の色も，鳥媒花では，鳥に目立つ赤色をしているなど，送粉者に合わせた色や形をしていることが多い．

ゲーテは「花は葉の変形したものである」という植物変形論を唱えた．花の器官の中でもがく片と花弁はとくに構造的に葉と似ている．この考えが基

本的に正しかったことは，最近の分子遺伝学的研究で支持されている．モデル植物として多用されているシロイヌナズナの，花器官決定に関与する遺伝子の機能が欠損した変異体の中には，がく片や花弁の位置にできる器官が葉とよく似た形態を示すものも見いだされる（塚谷，2006；コラム 5-2 参照）．

5.1.3 雄ずいと花粉

a. 雄ずい

被子植物の雄性生殖器官は雄ずいである．雄ずいは被子植物特有の生殖器官ではなく，その起源は裸子植物までさかのぼる．被子植物の雄ずいは，基本的な構造として 2 つの小胞子嚢が対になった葯を 2 組もつ．裸子植物では 1 つの小胞子嚢穂あたりの小胞子嚢数はもっと多いものが一般的である．

上記のような基本的構造は決まっているが，その形態は種により多様である（図 5.3）．被子植物において，どのような形態の雄ずいが原始的であるか

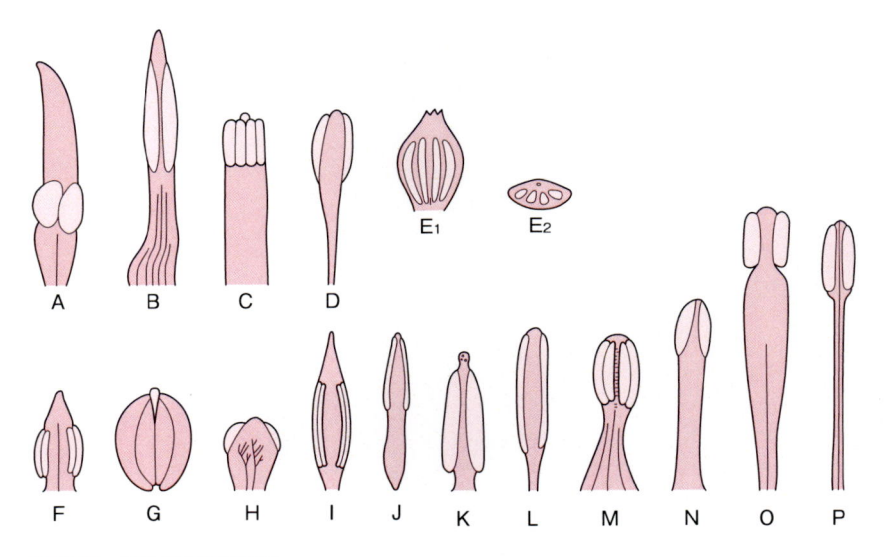

図 5.3 さまざまな雄ずい
A：*Belliolum*（シキミモドキ科），B：*Eupomatia*（エウポマティア科），C：シキミ，D：*Hillebrandia*（ベゴニア科），E：マツモ，F：*Decaisnea*（アケビ科），G：*Lactoris*（ラクトリス科），H：センリョウ，I：モクレン，J：ホオノキ，K：ロウバイ，L：オガタマノキ，M：オニバス，N：オモダカ，O：*Hydrastis*（キンポウゲ科），P：リュウキンカ．（Eames, 1961 より）

についてはさまざまな議論がある.

b. 花　粉

葯の中でつくられる花粉もやはり起源は裸子植物までさかのぼる．花粉は，その外壁にエキシンと呼ばれる構造をもつ．エキシンは，花粉母細胞を包んでいるタペート細胞から分泌されるスポロポレニン重合体という非常に安定した物質でつくられている．このスポロポレニンは花粉だけでなく，コケやシダの胞子の外壁にも含まれている物質である．さらにシャジクモ藻類の卵胞子の壁にも含まれ，その起源は古いものである．

エキシンは内層と外層の2層にわかれ，外層はさらに底部層と柱状体，テクタムに分かれる(図5.4)．被子植物の花粉はさまざまな表面模様をもつが，これはおもに柱状体とテクタムの変化でもたらされている．このような層状構造をした花粉外壁は裸子植物では見られず，被子植物の特徴と考えられている．

被子植物の花粉はこのような固い外壁をもつため，花粉管は発芽溝から外部に伸びる．発芽溝もその数や形態に変異があるが，被子植物では発芽溝を1つもつ単溝性と3つもつ三溝性の基本構造があると考えられている（図5.5）．両者のうち，裸子植物の花粉との比較，化石花粉の出現年代，被子植物の系統進化などから単溝性が原始的である．実際，真正双子葉植物は三溝性の花粉をもつということが共有派生形質として特徴づけられている．

被子植物の花粉の機能については被子植物の生活環の項でふれる．

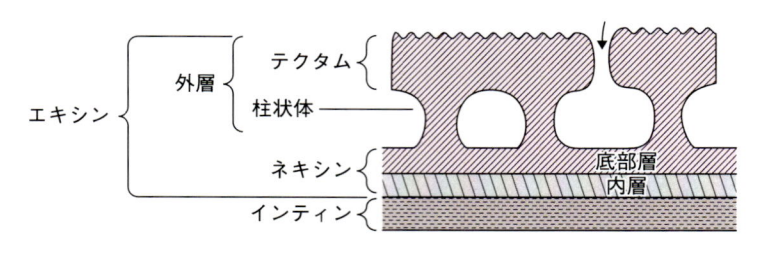

図 5.4　花粉壁の構造
代表的な花粉壁構造の断面合成模式図．

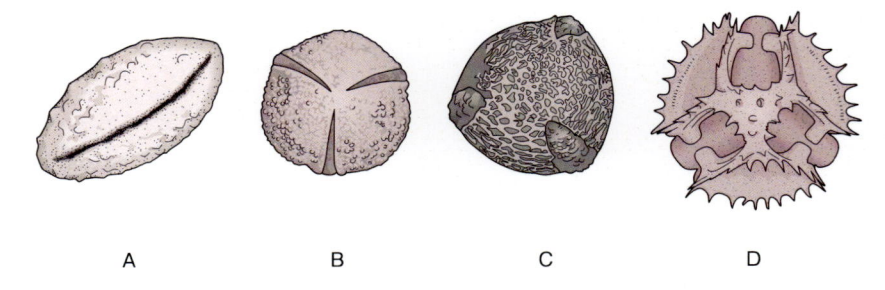

図 5.5　いろいろな花粉
A：ユリノキ（単溝粒），B：アメリカブナ，C：*Salix fragilis*，D：セイヨウタンポポ（Eames, 1961 より）

5.1.4　心皮と胚珠

花の中で雌の生殖器官としての機能単位は心皮である．一般に雌ずいと呼ばれるものは，1枚あるいは複数の心皮により構成されている．被子植物ではこの心皮により子房がつくられ，その中に胚珠が包まれているのが特徴である．

a. 離生心皮と合生心皮

複数の心皮をもつ花で各心皮がそれぞれ独立して雌ずいを構成している場合を離生心皮，複数の心皮が合わさって1本の雌ずいを構成しているものを合生心皮と呼ぶ．多くの場合，雌ずいの下部は子房と呼ばれる胚珠がつくられる部屋となり，上部は細い花柱を形成し先端は乳頭状突起で覆われた柱頭となる．

被子植物では，胚珠が完全に心皮により覆われていて，花粉が直接胚珠に近づくことができないため，花粉は柱頭からに付着してそこから花粉管をのばして子房内の胚珠に雄性配偶子を運ぶ必要がある．心皮の起源や原始的な心皮については次の項目で詳しく見ていく．

b. 胚　珠

裸子植物と同様に，被子植物でも雌性配偶体にあたる胚嚢は胚珠の内部にできる．胚珠の外側は珠皮と呼ばれる構造で囲まれているが，被子植物の胚珠は，内珠皮と外珠皮という2枚の珠皮をもつことが特徴である．胚珠は珠

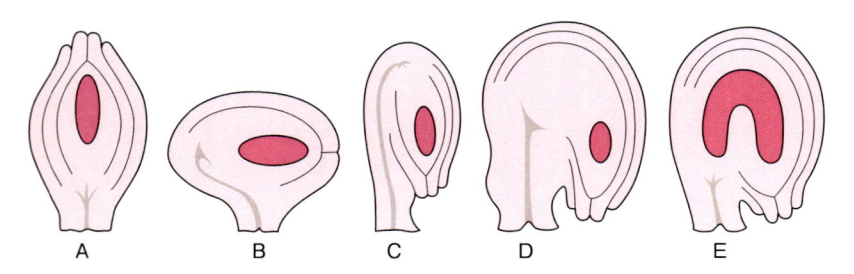

図 5.6　胚珠の構造と胚珠のタイプ
胚珠の主なタイプの縦断面模式図．各図で網かけ部は胚嚢を，点描は維管束走向を示す．A：直生．B：半倒生．C：倒生．D：湾生．E：曲生（Melchior, 1964 より）

柄により心皮に付着する．

　胚珠は珠柄と珠孔の位置関係でいくつかのタイプに分類される．被子植物においてもっとも多く見られるのは珠孔が珠柄側に開いている倒生型であり，シロイヌナズナの胚珠もこの型に属する（図 5.6C）．一方，珠孔が珠柄と反対側に開いている型は直生型と呼ばれる（図 5.6A）．この中間型をしたものは半倒生型と呼ばれる．倒生型と直生型のどちらがより原始的な型であるかはよくわかっていない．しかし，被子植物の系統樹の基部で分岐するアンボレラやスイレンの仲間は倒生型の胚珠をもつ．

　外珠皮と心皮は被子植物のみに見られる特徴なので，両器官の起源は，被子植物の起源を考える上で重要である．この点に関しては後で詳しく見ていく．

5.2　被子植物の生活環

5.2.1　生活環の概要

　被子植物の生活環では，裸子植物と同様に配偶体世代は小型化し，胞子体世代に栄養的に従属する形となっている．雄性配偶体は花粉という構造のなかでわずか数細胞になり，配偶子である精核は花粉管で卵細胞まで運ばれ，単独で外部に出ることはない．また雌性配偶体は，胚珠の内部につくられる胚嚢であり，通常 7 細胞 8 核の構造をとる．胚嚢内に形成される雌性配偶子卵細胞（n）に花粉管により運ばれた雄性配偶子の精細胞（n）が受精して，

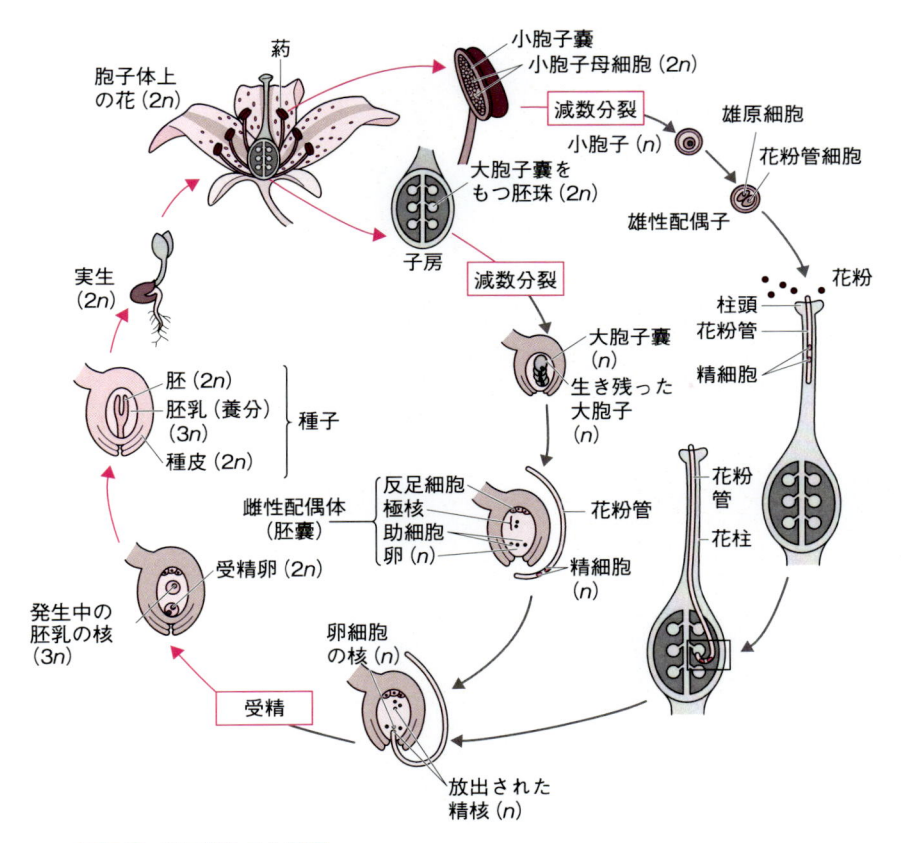

図 5.7 被子植物の生活環
被子植物では裸子植物と同様に，配偶体は小型化して胞子体に栄養的に従属している．被子植物の特徴として，2つの精細胞が受精する重複受精が見られる．
(Campbell & Reece, 2007 より作図)

受精卵（$2n$）となって生活環が完結する（図 5.7）．

5.2.2 花　粉

　被子植物において，雄の配偶子は花粉の中で形成される．花粉は雄ずいの葯内の花粉嚢（小胞子嚢）でつくられる．花粉嚢にはたくさんの花粉母細胞（$2n$）が入っている．花粉母細胞は減数分裂を行い4個の小胞子（n）がつくられ，成熟して花粉となる．小胞子は花粉への成熟過程で有糸分裂と細胞

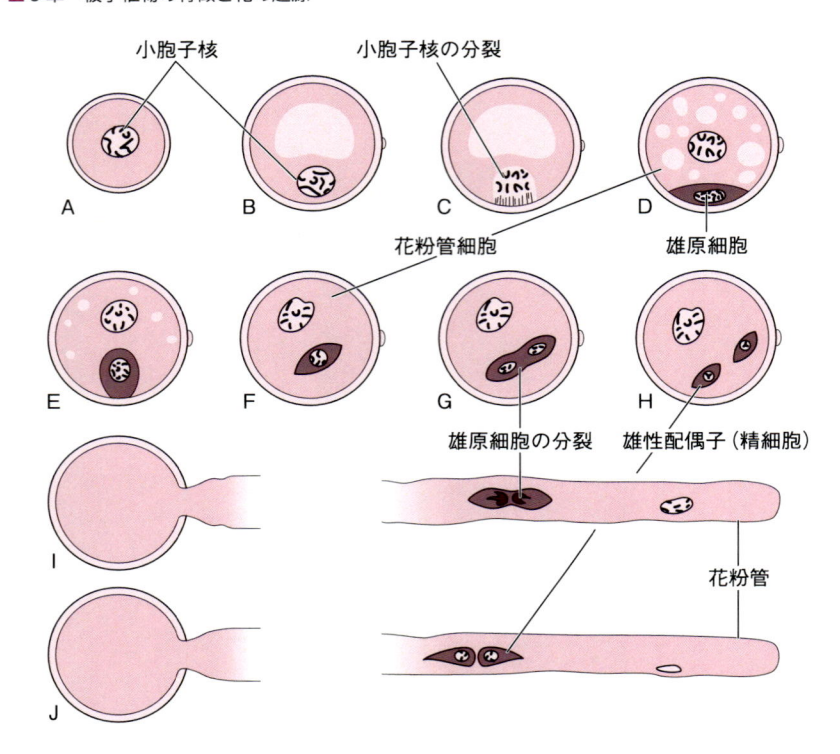

図 5.8 花粉内における配偶子形成
被子植物における雄性配偶体の発生．小胞子の分裂により花粉管細胞と雄原細胞が生じる(C-D)．さらに雄原細胞が分裂して2個の精細胞が生じる(G-H)．そのため，雄性配偶体は3細胞性である．I, J のように，花粉管中で精細胞が生じる種もある．(Maheshwari, 1950 より)

質分裂により雄原細胞 (n) と花粉管細胞 (n) に分かれる．雄原細胞は花粉管細胞内に取り込まれ，分裂して雄性配偶子である2個の精細胞 (n) となる (図 5.8)．

5.2.3 胚珠

被子植物の雌性配偶体は胚嚢と呼ばれ，胚珠の中に収まっている．胚珠は，被子植物だけでなく裸子植物にもあり，種子植物の特徴であるが，被子植物の胚珠は2枚の珠皮をもつ点で，珠皮が一枚の裸子植物と異なる．胚珠内の

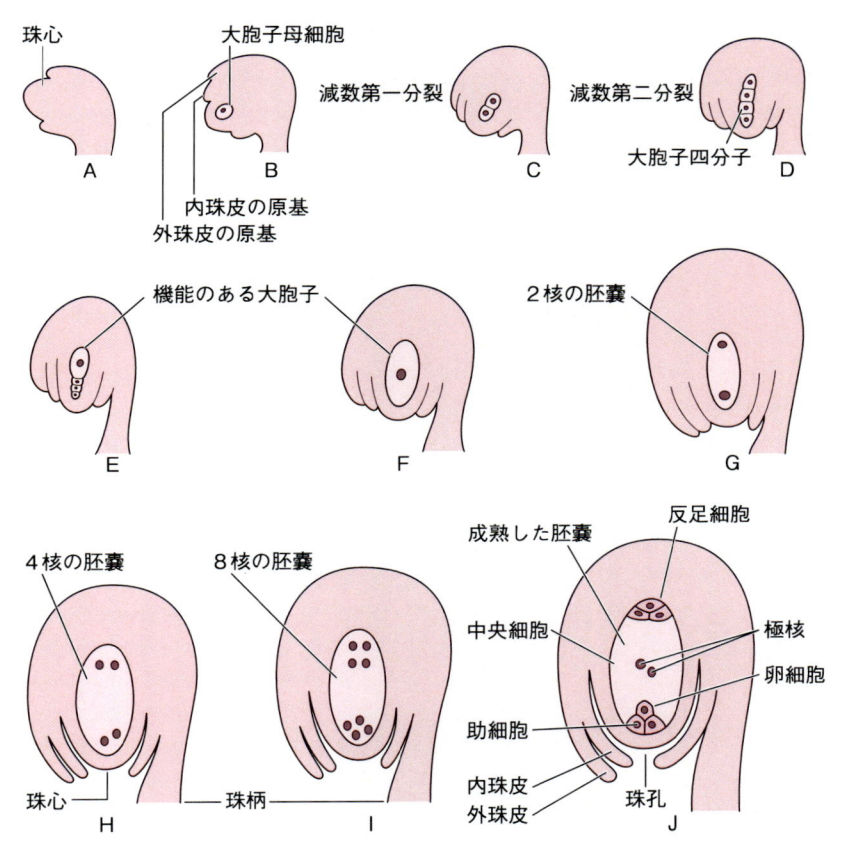

5.2 被子植物の生活環

図5.9　胚嚢形成
被子植物の胚珠発生．A, B：珠皮の発生，C-F：大胞子形成，G-J：胚嚢の発生．まず珠皮と1個の大胞子母細胞が（A, B），続いて大胞子が形成され（C〜F），胚嚢の発生で終わる（G〜J）．詳しくは本文参照．(Holman & Robbins, 1951 より)

胚嚢母細胞（大胞子母細胞）($2n$) が減数分裂して4個の大胞子（n）を形成する(図5.9D)．この中の1つのみが生き残り，胚嚢へ成長する(図5.9E, F)．大胞子は，数回の有糸分裂を行い，成熟した胚嚢となる．胚嚢の構造は，被子植物の中で変異があるが，もっとも一般的に見られるのはタデ型と呼ばれる7細胞8核性である(図5.9J)．この型の胚嚢では珠孔側に1個の卵細胞（n）

と2個の助細胞（n），反対側に3個の反足細胞（n），中央に2つの極核（n）が位置するという構成をとる．

5.2.4 重複受精

重複受精は，被子植物に特徴的な受精方式である．花粉は雌ずいの柱頭上に付着した後に発芽する．雄性配偶体は，花粉管を伸ばして雌ずいの花柱の中を下ってゆく．子房に到達した後，花粉管は，胚珠の珠皮の穴である珠孔を通り（図5.10B），2個の精細胞を雌性配偶体（胚嚢）に放出する（図5.10C）．1つは卵と受精し，複相の受精卵となる．もう一方は，雌性配偶体の中央細胞内の2つの極核と受精し，$3n$の胚乳核となり，分裂をくり返して胚乳となる（図5.10D）．

この重複受精は，現生の裸子植物では見られない受精様式であり，被子植物の共有派生形質と考えられている．裸子植物のグネツム類の中には，同じ胚嚢内で複数の受精が行われるものもあるが，結果として胚乳はできない．被子植物とグネツム類の系統関係を考慮すると，重複受精が被子植物と裸子植物においてそれぞれ独立して進化したと考えられ，$3n$の胚乳がつくられる重複受精は被子植物固有の特徴と考えられている．

5.3 花の化石

花の起源を探る直接的な証拠はやはり化石に頼ることになる．被子植物の花の化石のほとんどは中期白亜紀以降から出現しているが，異なるタイプの花化石が同時期に出てきており，まだどのタイプの花が原始的であるかについては結論が出ていないのが現状である．

5.3.1 アルカエアントス：モクレン型の花化石

モクレン型の花の化石として，1980年代に北米の中部白亜紀の地層から保存のよい化石が発見されている．

アルカエアントス・リネンベルゲリ *Archaeanthus linnenbergeri* と名づけられた化石は，長い花軸上に多数の果実（心皮）がらせん状についた化石である．詳細な研究の結果，外花被（がく片）3枚，内花被（花弁）6〜9枚をもち，多数の雄ずいと心皮をらせん状につけた花をもつことが明らかになっ

5.3 花の化石

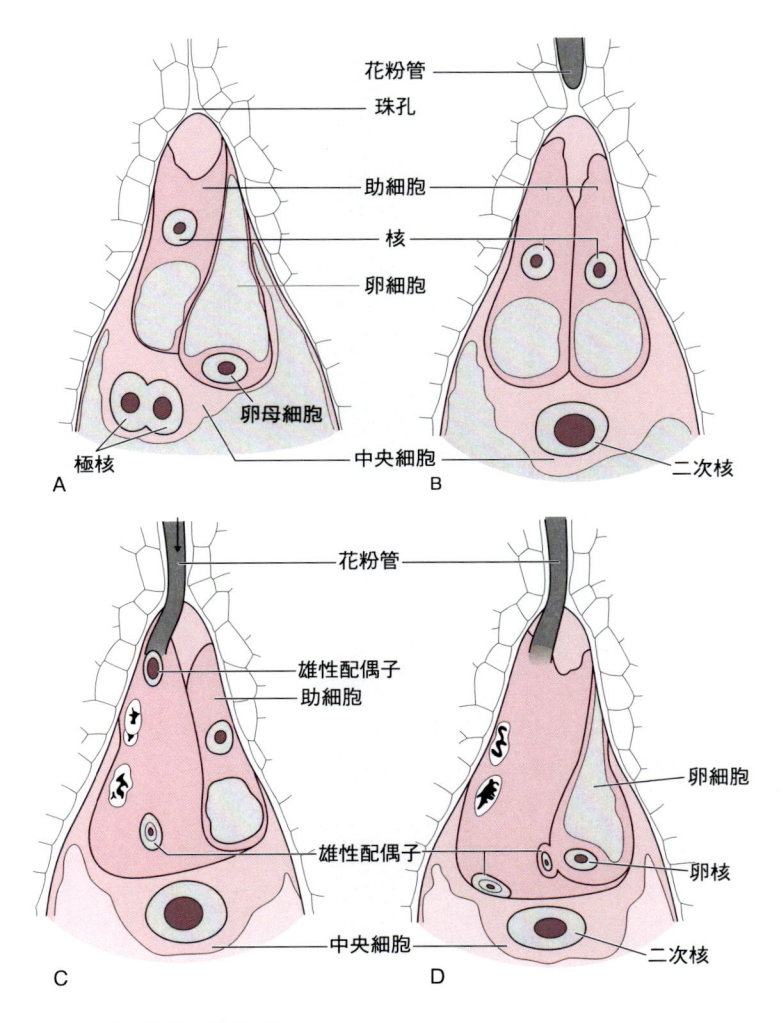

図 5.10　重複受精
重複受精は被子植物にしか見られない特徴である．詳しくは本文参照．(Van Went & Willemse, 1984 より)

■ 5 章　被子植物の特徴と花の起源

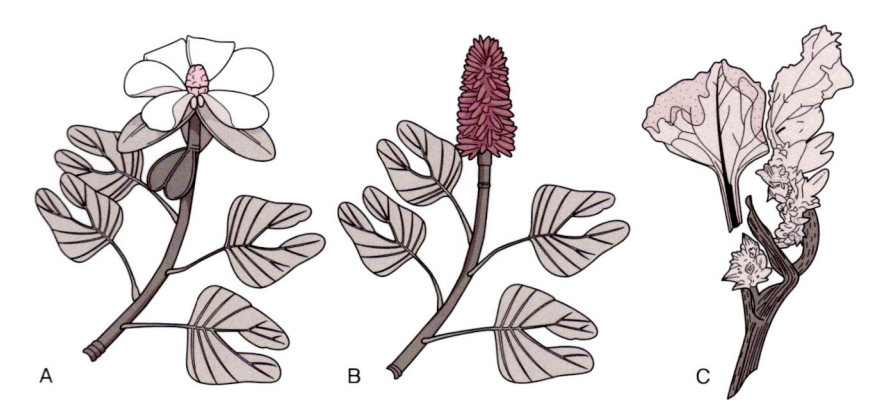

図 5.11　アルカエアントスとクーペリテスの復元図
　A：アルカエアントス（花），B：アルカエアントス（実），C：クーペリテス．
　詳しくは本文参照．

た（図 5.11）．この化石が発見された当時，もっとも古い時代の花の化石であったことから「古代の花」という意味のアルカエアントス *Archaeanthus* という名前が付けられ，モクレン型の花が祖先的であるという仮説を支持する証拠として注目された（Dilcher & Crane, 1984）．レスケリア・エロカタ *Lesquelia elocata* も雄ずいや心皮は同様な数や配列をしている．両者共に花の特徴は現生のモクレン科の花に類似している．

5.3.2　クーペリテス：センリョウ型の花化石

モクレン型とは異なったタイプの花の化石もやはり白亜紀から出現している．オーストラリアの下部白亜紀地層から発見されたクーペリテス・マウルディネンシス *Couperites mauldinensis* という花の化石は，現生のセンリョウ科の花に似た小型で単純な構造をしている．実は，下部白亜紀地層から出土していた花粉化石のクラバティポリニテス *Clavatipollenites* は現生のセンリョウ科のアスカリナ属 *Ascarina* の花粉によく似た形態をもっていることが知られていた．このクラバティポリニテスの花粉をもったクーペリテスが北米の中部白亜紀地層から発見され，両者が同じ植物のものであることが明らかにされた（Pedersen *et al*., 1991）．このような化石から，モクレン型の

花を付ける植物とセンリョウ型の花を付ける植物が下部白亜紀から中部白亜紀にかけて広く分布していたことがわかってきた．

5.3.3　アルカエフルクタス：最古の花化石？

20世紀の終わりに，中国遼寧省の1億4500万年前という中生代ジュラ紀と白亜紀のちょうど境界付近の地層からアルカエフルクタス・リャオニンゲンシス *Archaefructus liaoningensis* と名づけられた被子植物化石が発見された（Sun *et al.*, 1998）．これはそれまでの最古の花化石記録を1500万年も遡る最古のものであった．続いて同属と思われる別種の化石も発見されている（Sun *et al.*, 2002）．ちなみにアルカエフルクタス *Archaefructus* とは古代の果実という意味の名前である．

アルカエフルクタスの花では多数の心皮，雄ずいの間が離れた生殖シュートを付けており，花被片様の器官をもっていない（図 5.12）．このことから，生殖器官を付けたシュートが短縮し，さらにその後花被片が付け加わることによって現在見られるような花が生じたと推定された．これは後述の花の起源に関する雄性胞子葉穂説（mostly male hypothesis）を支持する形態との指摘もされている．

アルカエフルクタスの心皮は2個以上の胚珠（種子）を包みこんでいる．雄ずいは基部で二又に分かれることもあり，花糸と葯の区別がはっきりとしている．葯内に含まれていた花粉粒は単溝粒であった．葉の葉身は薄く，2〜5回糸状に分裂し，葉柄の基部が膨らむ．栄養葉の特徴などから，アルカエフルクタスは水生の植物であると推定された．

被子植物の起源を探るため，さまざまな形態的特徴に基づいた現生の被子

図 5.12　アルカエフルクタスの復元図

■ 5章　被子植物の特徴と花の起源

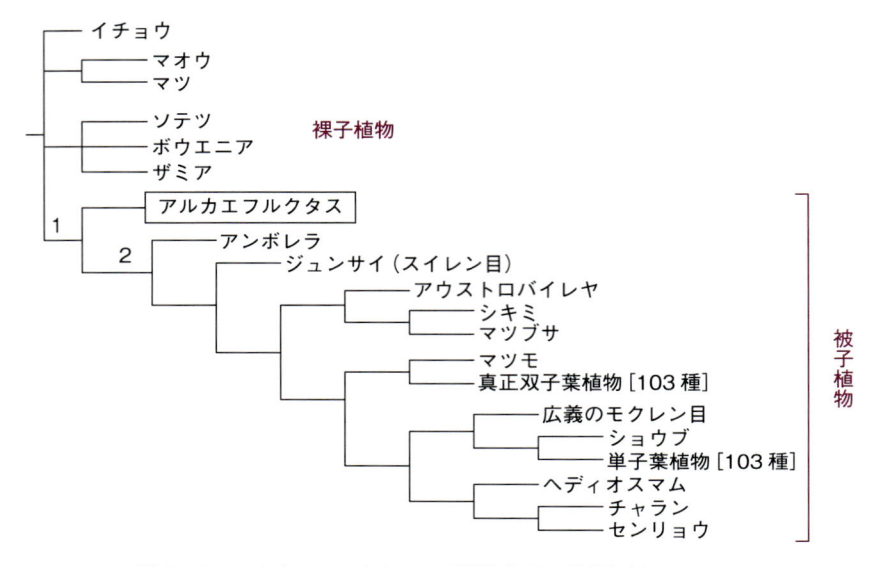

図 5.13　アルカエフルクタスの系統的位置の分岐解析
この系統解析の結果では，アルカエフルクタスが他のすべての
被子植物の姉妹群となっている．（Sun *et al*., 2002）

植物やこれまで知られている化石裸子植物で行われた系統解析研究の結果では，アルカエフルクタスはこれまで知られている被子植物の中でもっとも初期に分岐した植物であるという結果が得られた（図 5.13, Sun *et al*., 2002）．

しかし，この結論には異論もあり，たとえば，解析に使われた形質状態はこの属が被子植物の中で系統的にどこに位置するのかを探るには不十分であるという意見もある（たとえば図 5.17 の解析ではアルカエフルクタスはスイレン類に含まれる）．また，発生形態学的観察なしに，心皮が2つ折れ状か否かを判断することは不可能であるなど，形質の評価にも疑問が呈されている．化石の年代推定にも疑問があり，発見された地層は1億3000万年前より古い地層ではあり得ないという意見もある．さらに，アルカエフルクタスの「花」は花序であり，「雄ずい」や「心皮」が1つの花ではないかという意見もでている．これらの疑問に答えるにはこれからの研究を待つ必要がある．

5.4　外珠皮と心皮：裸子植物から被子植物への進化

　裸子植物と被子植物を区別する違いは多数あるが，もっとも重要な違いの1つは雌性配偶体および胚のさらなる保護であろう．被子植物では，裸子植物と比較して2つの新たに獲得された保護構造をもつ．その1つは外珠皮である．通常，被子植物の胚珠は2枚の珠皮—すなわち内珠皮と外珠皮をもつ．これに対して裸子植物の胚珠は1枚しかない．もう1つの保護構造は心皮である．現生の裸子植物の多くでは，胚珠は直接外部に向かってむき出しにはなっていないが，空間的に外部と通じており，花粉が直接胚珠の珠孔まで到達することが可能となっている．これに対し，被子植物では胚珠が心皮という構造に内包されている．胚珠は子房と呼ばれる単独あるいは複数の心皮によりつくられた内部空間に位置し，外界とは隔離されている．このような被子植物の保護構造は，おそらく乾燥に対する耐性を上げるのに寄与していると思われる．以下にこれらの構造の進化的起源について考えてみる．

5.4.1　外珠皮

　胚珠が2枚の珠皮をもつことは，被子植物特有の特徴である．後述のキク類（合弁花植物の多くが含まれる）に見られるように珠皮を1枚しかもたない植物，あるいはヤドリギ科，ツチトリモチ科で見られるように，珠皮をもたない被子植物もある．しかし近縁な植物，あるいは祖先と考えられる植物群では2枚の珠皮をもつため，二次的な減少と考えられている（図5.14）．

　被子植物の2枚の珠皮のうち，内珠皮は裸子植物にみられる1枚の珠皮と相同であると考えられている．そのため，内珠皮の起源と外珠皮の起源との間には大きな時間的隔たりがあり，両者は異なった構造と考えられている．さらに被子植物の胚珠の詳細な発生の比較研究の結果，内珠皮と外珠皮はその発生的特徴が異なっていることが明らかになった．すなわち内珠皮は胚珠原基の表皮細胞が分裂してつくられるのに対して，外珠皮は多くの場合，表皮細胞と表皮下細胞が分裂してつくられる．

　また，進化発生学的な研究結果も内珠皮と外珠皮は起源の異なる構造であることを支持している．シロイヌナズナの突然変異体，*inner no outer*（*ino*）

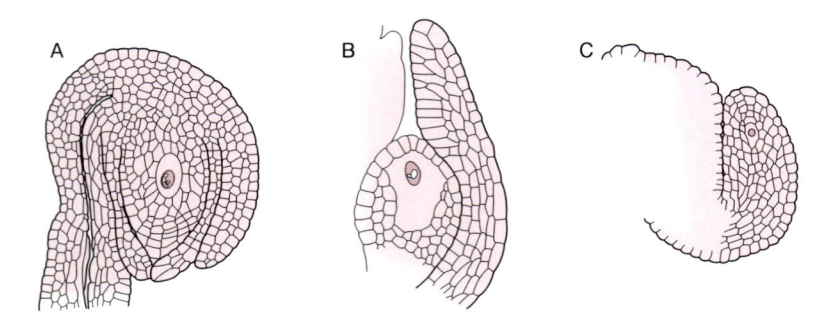

図 5.14 珠皮の単珠皮性，二珠皮性，無珠皮性
原始的胚珠と進化した胚珠．A：ヒエンソウの 2 枚の珠皮をもった厚膜珠心，B：ハレルペステス・キンバラリアの 1 枚の珠皮をもった薄膜珠心．C：オシリス・アルバ（ヤドリギ科）の無珠皮胚珠．（Lonay, 1901 による）

は，その名が示すように，外珠皮を欠損するが，内珠皮は正常に発生する．この原因遺伝子は YABBY 遺伝子ファミリーに属する遺伝子であり，この 1 遺伝子の異常で，外珠皮が失われることがわかっている（Villanueva et al., 1999）．実は，YABBY 遺伝子ファミリーの遺伝子は裏表を決定する機能をもつものが多いことが明らかになっていて，ino 変異体が外珠皮を欠くのは，外珠皮が裏表をもつ構造由来であり，この遺伝子の機能が失われることにより裏表構造が作れないためであると推測されている（Yamada et al., 2004）．

外珠皮は被子植物固有の特徴であるが，一見，外珠皮に見えるような構造が裸子植物のグネツム類に見られる（7 章を参照）．しかし発生様式や周辺の器官との位置関係を比較すると被子植物に見られる外珠皮とは異なり，起源の異なる器官と考える解釈が一般的である．最近の分子系統学的解析もこの解釈を支持している．

5.4.2 心 皮

被子植物の代表的な共有派生形質の 1 つとして，胚珠が心皮に包まれることがあげられる．心皮の機能としては胚珠の保護がもっとも重要であるが，それ以外に，柱頭と花柱による花粉管伸長競争や自家不和合性などによる排除，果実の進化などが生じるきっかけとなった重要な進化的イノベーション

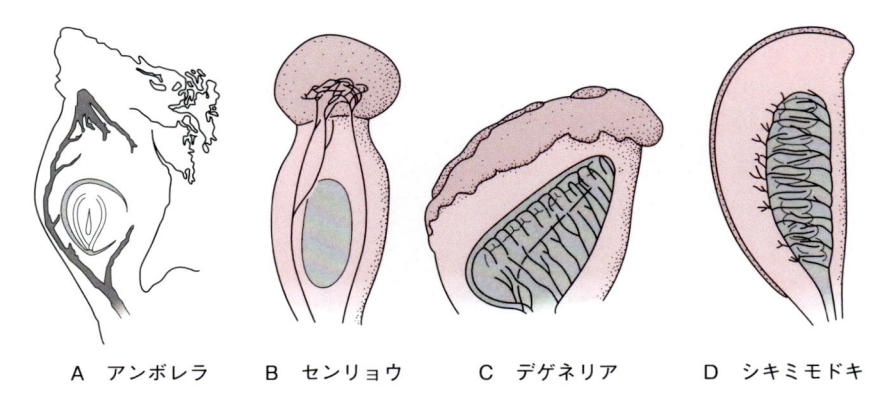

5.4 外珠皮と心皮：裸子植物から被子植物への進化

A　アンボレラ　　　B　センリョウ　　　C　デゲネリア　　　D　シキミモドキ

図 5.15　アンボレラ，センリョウの心皮，デゲネリアとシキミモドキの心皮
A：(Bailey & Swamy, 1948)，B-C：(Eames, 1961)

であると考えられている（6章を参照）．

　心皮は葉的器官に由来すると考えられているが，その進化過程については大きく分けて2つの説がある．1つは心皮がシュートと葉の複合器官であるという説であり，アンボレラやセンリョウに見られるような袋状の心皮が原始的であるというものである（図 5.15A, B）．もう1つの説は，心皮が葉の二つ折れによって生じたと考えるもので，この仮説はシキミモドキ科やデゲネリア科に見られる心皮をモデルに提唱された（図 5.15C, D）．

　この両説は長らく議論が続いた．20世紀半ばには，原始的な特徴をもつシキミモドキ科やデゲネリア科の花の心皮が二つ折れタイプであることから，二つ折れタイプが祖先的であるという考えが優勢であった．しかし，分子系統学的解析で，アンボレラやスイレン類が現生被子植物のもっとも基部で分岐した植物群であることが明らかになり，二つ折れタイプが祖先的であることの根拠もなくなった．

　最近のシロイヌナズナなどのモデル植物における花の突然変異体や遺伝子の発現などの研究からの知見では，突然変異体の多くは胚珠と心皮が独立して変異しており，胚珠は心皮とは独立した構造であるという説を支持する結果となっているが，まだ結論は出ていない．

5.4.3　外珠皮と心皮の進化

それでは心皮はどのような過程で進化してきたのであろうか？　以下では，その解答のヒントとなると思われる化石植物の雌性生殖器官を見ていく．

被子植物の重要な特徴である外珠皮と心皮の起源を考える上で重要なのはやはり化石植物である．ここではグロッソプテリス類とカイトニア類を例に，これらの起源を考えてみる．

a. グロッソプテリス類

グロッソプテリス類は二畳紀から三畳紀，カイトニア類は三畳紀後期から白亜紀初期に生育していた絶滅裸子植物である（詳しくはp. 142-144を参照）．

グロッソプテリス類は，大胞子葉の向軸側に1珠皮性の胚珠がならんで付いている．また，この大胞子葉は栄養葉上，あるいは栄養葉の下部に付着している（図5.16A, B）．もし，大胞子葉に包まれている胚珠の数が1個になれば，胚嚢は元々の珠皮と大胞子葉の2枚の構造に包まれることになる（図5.16C）．このような様子はグロッソプテリス類のリジットニア属に見られる．さらに栄養葉がこの大胞子葉を包み込めば，被子植物の心皮と似た構造となる．

b. カイトニア類

カイトニア類の雌性生殖器官はグロッソプテリス類よりも被子植物の胚珠と似た構造になっている．カイトニア類では，1珠皮性の胚珠数個が，椀状体と呼ばれる構造に包み込まれている（図5.16E）．椀状体は外部への開口部があり，花粉がそこから入っていったと思われる．もし椀状体内部の胚珠が1個まで減少すれば，被子植物に見られる倒生胚珠と似た構造となる―すなわち，胚珠のもつ珠皮が内珠皮に対応し，椀状体が外珠皮に対応する．しかしながら，カイトニア類の椀状体は羽状の大胞子葉の各羽片の先端に付くものであり，1枚の大胞子葉に多数の椀状体（図5.16D）がついている．

上記の推測のように被子植物の外珠皮が大胞子葉，あるいは椀状体から進化してきたとすれば，外珠皮は内珠皮とは起源が異なり，大胞子葉と相同であることになる．これは前述のように，外珠皮に裏表があるという進化発生学的知見と一致することになる．また，心皮は大胞子葉と相同ではなく，胚珠と心皮は別の構造という見解を支持することになる．

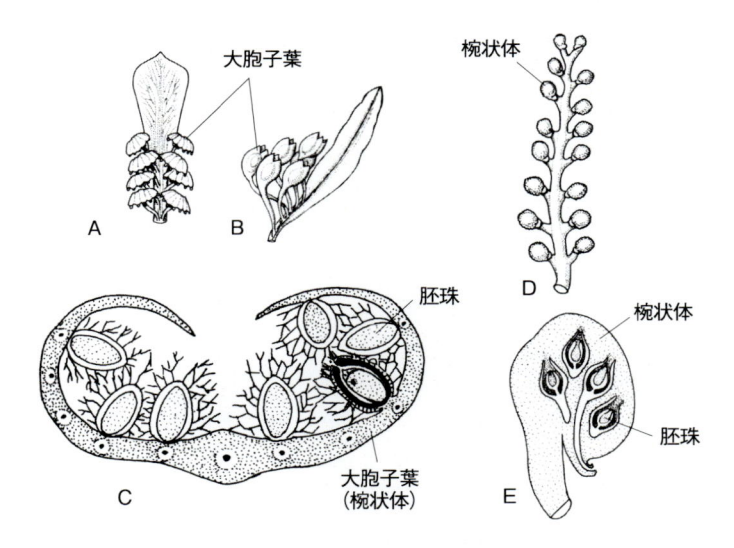

5.4 外珠皮と心皮：裸子植物から被子植物への進化

図 5.16 グロッソプテリス類とカイトニア類の雌性生殖器官
A-C：グロッソプテリス類，D-E：カイトニア類．A：リジットニア属 *Lidgettonia*，B：デンカニア属 *Denkania*，C：ディクチオプテリディウム型大胞子葉の横断面，D：大胞子葉，E：椀状体の横断面．〔西田，1997より：中島作図〔D, E：Stewart & Rothwell, 1993 を改変〕〕

　上記のような議論は，化石で見られた雌性生殖器官と被子植物の胚珠・心皮の構造を比較して，もし両者が直接の系統関係があればこのように進化したと推測したものである．しかしながら，裸子植物の中でもグロッソプテリス類とカイトニア類から被子植物の祖先が進化してきたという直接的な証拠はない．

　この困難を乗り越えるため，現生の被子植物，裸子植物に絶滅した化石裸子植物を加えて，形態形質による分岐学的解析が行われ，系統関係が再構成された．その1例が図5.17である（Doyle, 2008）．この系統樹では，被子植物の姉妹群はカイトニアになり，前述の仮説を支持する．しかし，化石から再構成した形態形質の相同性の解釈によっては，この結果とは異なる系統関係も得られていて，カイトニアが被子植物の姉妹群であるかは確定していないのが現状である．

■ 5 章　被子植物の特徴と花の起源

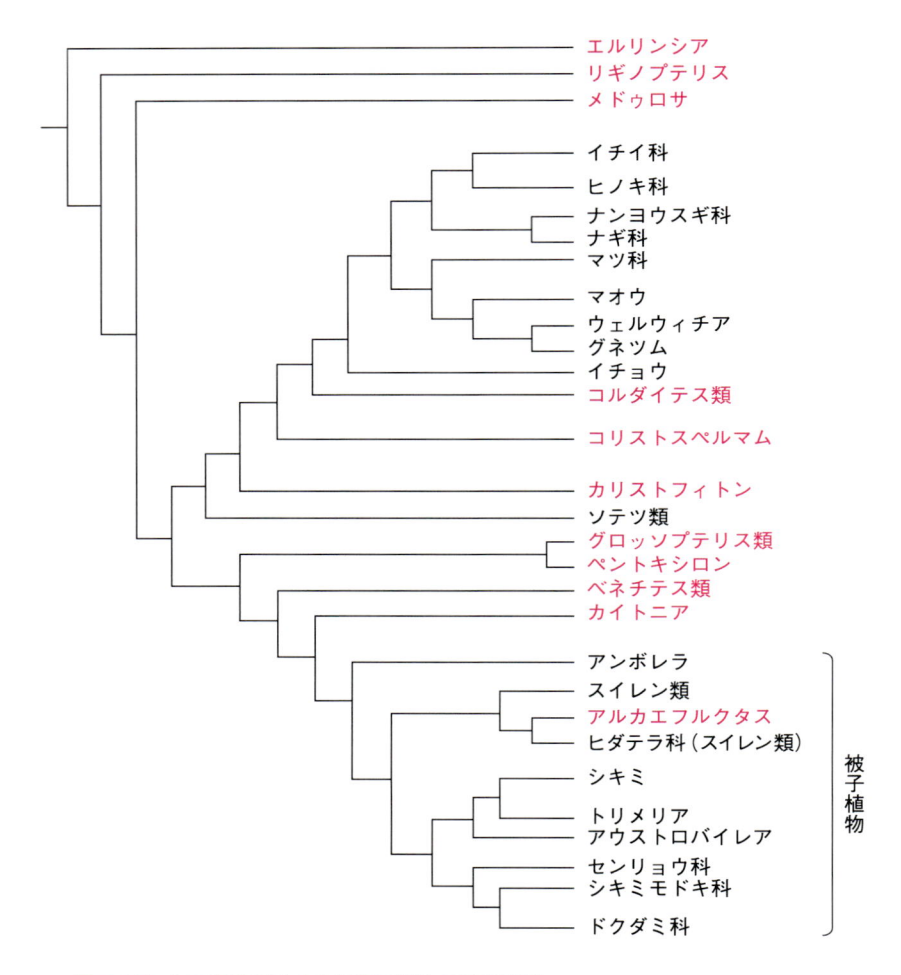

```
                          エルリンシア
                          リギノプテリス
                          メドゥロサ
                          イチイ科
                          ヒノキ科
                          ナンヨウスギ科
                          ナギ科
                          マツ科
                          マオウ
                          ウェルウィチア
                          グネツム
                          イチョウ
                          コルダイテス類
                          コリストスペルマム
                          カリストフィトン
                          ソテツ類
                          グロッソプテリス類
                          ペントキシロン
                          ベネチテス類
                          カイトニア
                          アンボレラ        ┐
                          スイレン類        │
                          アルカエフルクタス │
                          ヒダテラ科（スイレン類）│
                          シキミ          │被子植物
                          トリメリア        │
                          アウストロバイレア   │
                          センリョウ科       │
                          シキミモドキ科     │
                          ドクダミ科        ┘
```

図 5.17　化石裸子植物を含む種子植物の系統解析
　化石種を含めた種子植物において，形態形質による分岐解析を行った結果である．赤字は化石のみで知られている植物．この解析結果では，アルカエフルクタスがスイレン類の中に入っていることに注意．（Doyle, 2008 を簡略化）

5.5 花の起源

5.5.1 古典的仮説

　花の起源に関して，ダーウィンも複雑な構造をもつ花がどのように進化してきたかについて大きな興味をもっていた．しかし自分の進化理論ではこのような複雑で機能的な構造がいかにして進化してきたかという説明が難しく，著書の中に「忌まわしきミステリー」と書き記している．被子植物の花がどのようにして起源してきたかという疑問はいまだに謎である．

　花の起源の問題についてはダーウィン以降も数多くの植物学者が研究に取り組んできた．そして，20世紀の初めから中頃までは2つの対立する仮説，真花説と偽花説についてさかんに議論が行われた．

a. 真花説

　真花説とは「花の器官はすべて葉が変形したものであり，花は葉のついたシュートが短縮したものである」という考えである．すなわち，葉に由来する多数の雌ずいと雄ずいが，らせん状に配列し，多数の花被片様の器官に囲まれた両性の胞子嚢穂が花になったと考える（図5.18A）．このような花は

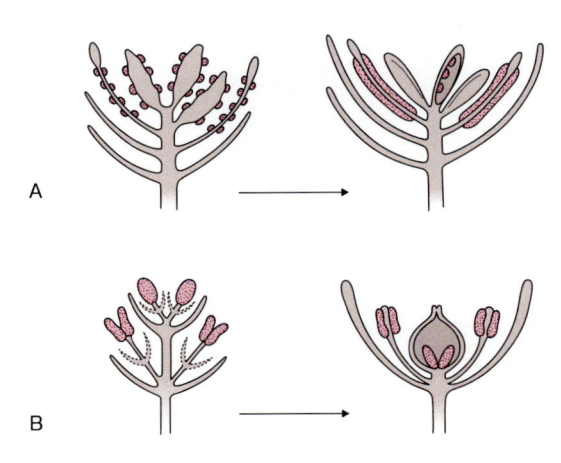

図 5.18　真花説（A）と偽花説（B）による花の起源
（Arber & Parkin, 1907 より改図）

ソテツ類や化石裸子植物のベネチテス目 Bennetitales（p. 141 参照）の生殖穂から起源したと想定されていた．

この説の原型はゲーテなどの 19 世紀の研究者も採用していたが，20 世紀の初めにアーバーらにより真花説として整えられた（Arber & Parkin, 1907; Bessey, 1915）．

真花説は 20 世紀中頃からは，モクレンの花のような多数の花被，雄ずい，雌ずいが長く伸びた花床にらせん状に配置する大型の花が原始的であるというモクレン目仮説（Magnolialean hypothesis）として一般的になってきた（Eames, 1961；Takhtajan, 1969）．真花説に基づいた被子植物の分類体系はハッチンソン（Hutchinson, 1959）やクロンキスト（Cronquist, 1981）が採用している．

b. 偽花説

偽花説は花が複数の枝の集合によりできたという考えで，エングラーやウエットシュタインにより 19 世紀末から 20 世紀初頭に出されたものである（Engler & Prantel, 1924）．偽花説では，胚珠と小胞子嚢（雄ずいの葯）を付けるシュートが別である状態が祖先段階であると仮定し，これらシュートを含む軸系が短縮し，枝の腋に付いていた苞から花被片が生じ，花が進化したと考える（図 5.18B）．偽花説の背景には，現生に見られる裸子植物が被子植物の祖先であるという考えがあり，単純な構造の，雌雄が別の花になっている状態が原始的であるということになる．

エングラーは，この考えに基づいてモクマオウ科やブナ科などがもっとも原始的と考えて分類体系を構築した．後にウエットシュタインは，センリョウ科やコショウ科も偽花説において原始的な花であるとして加えた．

5.5.2 化石植物との比較形態からの仮説

花の起源に関する対立した古典的仮説に関しての議論が行われている中で，1960 ～ 70 年代にかけて，新たに見つかった化石や現生被子植物の内部構造の比較などの知見から，新たな仮説がいくつも提案された．ここではその中で代表的なゴノフィル説とアンソコルム説を紹介する．

a. ゴノフィル説

ゴノフィル説はメルヴィルによって提唱された説であり，グロッソプテリスの生殖器官を原型に，被子植物の花を導き出している（Melville, 1962；1963）．この説では，花はゴノフィルという基本単位の集まりと考えられている．ゴノフィルとは不稔性の器官と稔性の二又分枝をする枝の組み合わせであり，グロッソプテリスの生殖器官がモデルとなっている（図 5.19）．

雄性生殖器官は，不稔性の器官ががく片となり，稔性の枝は単純化して雄ずいになったとしている．一方，雌性生殖器官は，穎果の場合，単純化した稔性の枝を不稔性の器官が包み込んでできるとしている．袋果の場合は，稔性の枝は不稔器官から分離し，二又に分かれた稔性の枝が，2つの不稔器官にまたがって1本ずつ癒着したと考えている．これは，実際の被子植物の子房における維管束を調べた結果から導き出されたものである．

しかし，その後の花における維管束走向の研究では，ゴノフィル説を否定する結果が多く出されており，ほとんど支持を得ていない．

b. アンソコルム説

アンソコルム説は，メウスによって提唱された被子植物の花の起源説である．彼はまず，現生や化石の花や裸子植物の生殖器官のもとになる「原型」を理論的に考え，この原型からさまざまなタイプの花や複合生殖器官が導き出すことを行った（Meeuse, 1975）．

メウスが考えた花の原型—すなわちアンソコルムとは軸のまわりにゴノクラッドが集まったものである．各ゴノクラッドには雄または雌の生殖器官がついたものである（図 5.19）．このようなアンソコルムから派生して，モクレン型あるいはセンリョウ型の花が導かれる．

このアンソコルム説は，あまりに理論的・観念的であるという批判が多く，また，この説の根拠がほとんどないということから，他の研究者の支持を得られなかった．

■ 5章　被子植物の特徴と花の起源

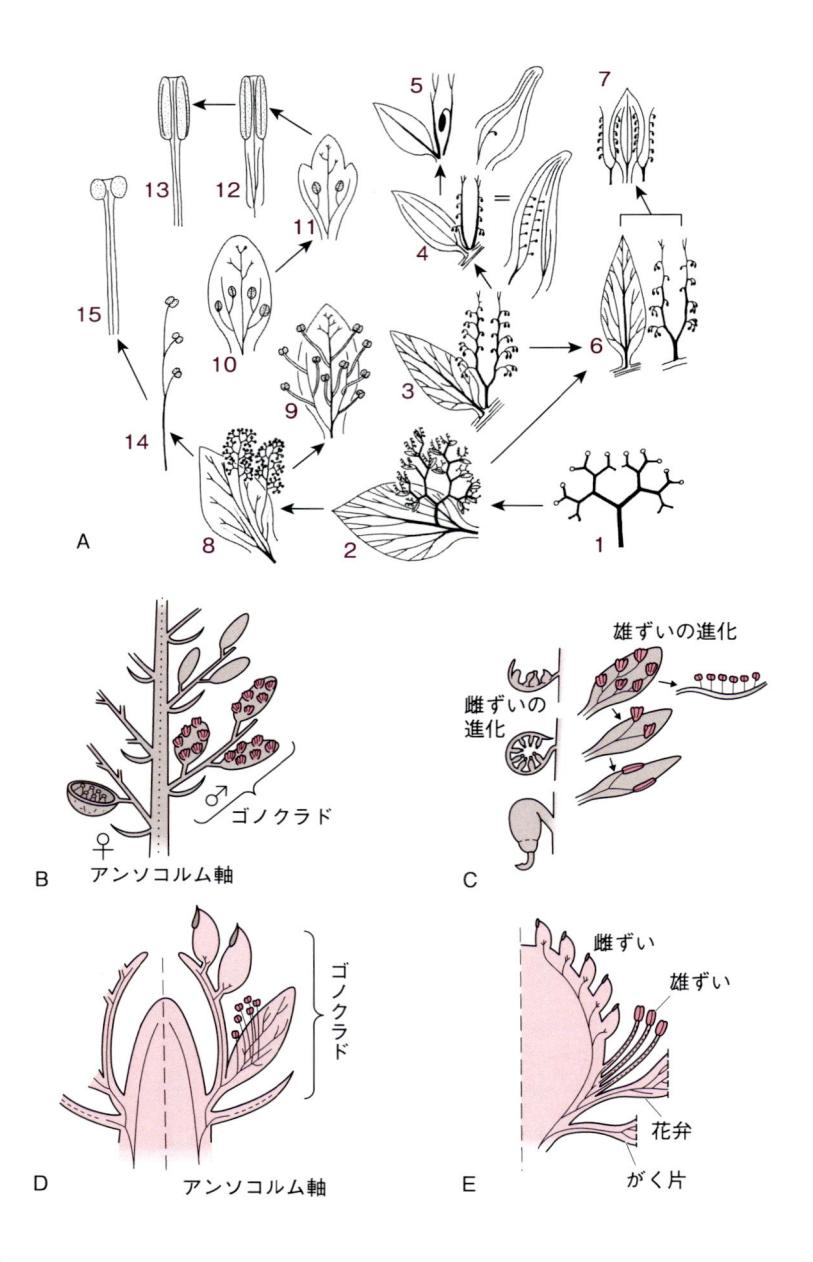

5.6 新たな花の起源仮説へ向けて

　これまでさまざまな現生植物や化石植物の形態の比較研究が行われてきたが，まだ被子植物の花がどのようにできたのか，最初の花はどのような特徴をもっていたかについてはまだまったくといっていいほど明らかになっていない．1980年代後半頃からシロイヌナズナなどのモデル植物を用いた分子遺伝学の研究がさかんになり，その大きな成果として花のABCモデル（Bowman *et al*., 1989, コラム5-3参照）が提唱された．これをきっかけにして花についても新しい研究分野，進化発生学（いわゆるEvoDev）による研究がさかんに行われるようになってきた．これらの研究成果に基づいて花の起源についても新しい仮説が提唱されるようになってきた．ここでは，花の雄性胞子葉穂仮説を紹介する．

　裸子植物のほとんどは，雄性生殖器官と雌性生殖器官が別々の構造としてつくられる．フローリッヒは，このような状態から被子植物でどのようにして1つの花という複合器官がつくられるようになったかについて仮説を提出した（Frohlich & Parker, 2000）．

　被子植物において，生殖器官―すなわち花の誘導に重要なはたらきをしている*LEAFY*と名づけられた遺伝子がある．この遺伝子は裸子植物では2つの相同遺伝子が存在している．裸子植物の*LEAFY*のオルソログ遺伝子（コラム5-2）は雄の生殖器官で，もう1つのパラログ遺伝子（コラム5-2）-*NEEDLY*は雌の生殖器官で発現することがわかっている．ところが被子植

図 5.19　ゴノフィル説（A）とアンソコルム説（B-E）
A：ゴノフィル説による心皮と雄ずいの解釈．1：胞子嚢をつけた二又分枝軸系，2：葉と胞子嚢をつけた分枝系よりなるゴノフィルの繰り返し構造，3-7：ゴノフィルが単純化し心皮が形成される過程．4：袋果，5：痩果，7：リュウキンカ属 Caltha（キンポウゲ科）の心皮．8-15：雄ずいへの進化．8：トウゴマ属の雄ずい群．単純化したゴノフィルそのものと解釈される．9→10→11→12：モクレン目型の葉状雄ずいへの進化．8→14→15：分枝系の単純化による通常の雄ずいの形成．（岡本，1977より：中島作図〔Melville，1962；1963を改変〕）
B-E：アンソコルム説による花の起源．B：アンソコルムの仮想的モデル，C：カイトニア類やグロッソプテリス類の生殖器官からの雄ずいと心皮の進化モデル，D, E：モクレン型の花のアンソコルムによるモデル（D）と実際の花（E）．

■ 5 章　被子植物の特徴と花の起源

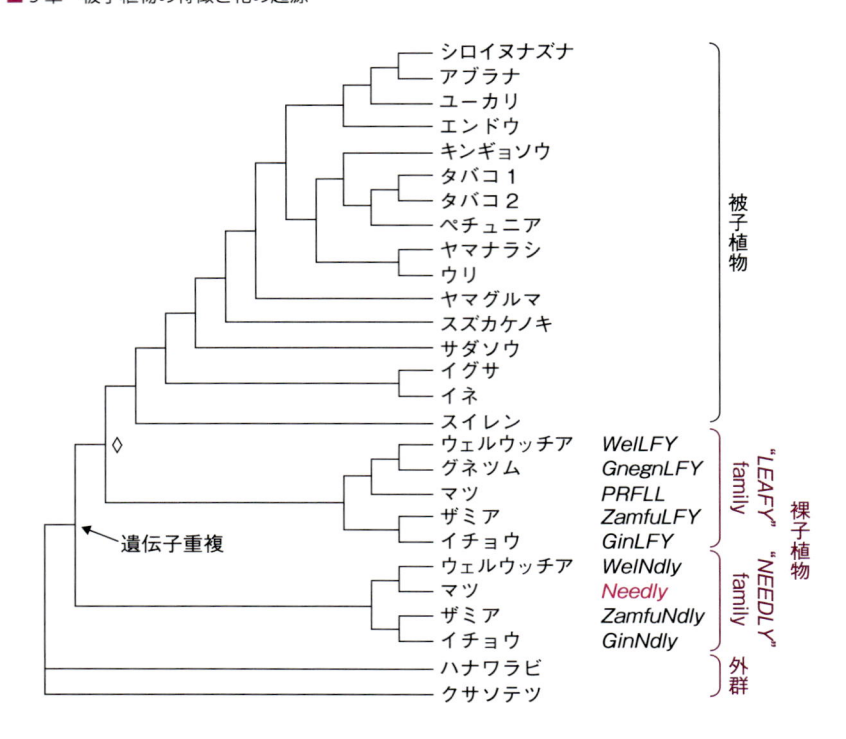

図 5.20　LEAFY 相同遺伝子の分子系統樹
NEEDLY のオルソログ遺伝子が被子植物にないことに注目.

物には *NEEDLY* のオルソログ遺伝子は存在しないことから，被子植物の進化の過程で欠損したと考えられている（図 5.20）．

これらの事実に基づき，フローリッチは，花は *LEAFY* 相同遺伝子が発現している生殖器官—すなわち花粉を付ける雄性生殖器官から進化したと考えた．この見解は「花の雄性胞子葉穂仮説」（mostly male hypothesis）と名づけられている．すなわち被子植物の祖先は，花粉をつくる小胞子葉穂と胚珠をつくる大胞子葉穂を別々にもっていたが，突然変異により胚珠が小胞子葉穂の上部の小胞子葉につくられ，心皮に進化したと考えたのである（図 5.21A）．

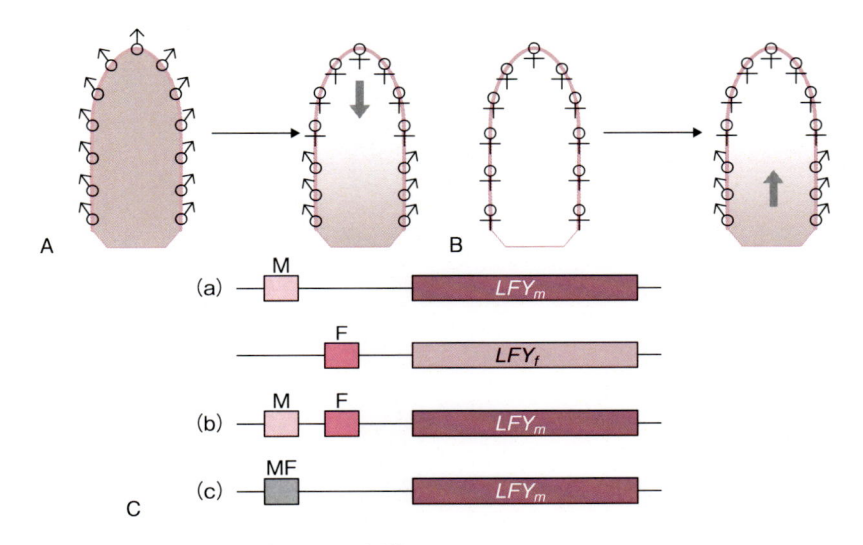

5.6 新たな花の起源仮説へ向けて

図 5.21 花の起源に関する 2 つの仮説
A：雄性胞子葉穂から花が起源する仮説．フローリッチの花の雄性胞子葉穂仮説に代表される．B：雌性胞子葉穂から花が起源する仮説．C：フローリッチの花の雄性胞子葉穂仮説に対する反論の 1 つ．この説では，雄と雌の生殖器官を誘導するプロモーターの転移と一方の欠落により花の起源を説明している．M：雄性生殖器官のプロモーター，F：雌性生殖器官のプロモーター．LFY_m, LFY_f：雄あるいは雌性生殖器官を誘導する $LEAFY$ 遺伝子．

「花の雄性胞子葉穂仮説」に対しての反論もある．アルバートらは，$NEEDLY$ 相同遺伝子の欠損はプロモーターの転移とその一方の欠落により説明可能であるとし，とくに雄性胞子葉穂起源を仮定する必要はないと主張した（図 5.21 C，Albert *et al.*, 2002）．

このような反論はあるが，フローリッチの仮説は，裸子植物の単性胞子葉穂から被子植物の両性の花が生じたメカニズムを考える上で重要である．花の ABC モデルでは，複合器官である花の形態形成において，C クラス遺伝子が発現することにより生殖器官がつくられ，B クラス遺伝子の発現の有無により，雌雄が決定されることになっている．

雌雄どちらの胞子葉穂が基になっているにせよ，雄雌の生殖器官形成に関与する制御遺伝子に，従来の発現とは異なる場所やタイミングで発現する異

所的，あるいは異時的発現をするような突然変異が生じて両性の複合器官である花が起源したのであろう．今後，多様な被子植物と裸子植物において，有性生殖器官の誘導がどのように行われているかを解明することにより，実際にどのような遺伝学的変異により花がつくられるようになったかが明らかになると期待される．

コラム 5-1
遺伝子の相同性

共通の祖先遺伝子から由来した遺伝子は相同遺伝子（homologous gene）と呼ばれる．相同遺伝子は通常，種分化が起きた時，共通祖先から由来した種 A と種 B において，共通祖先種のある遺伝子から由来した種 A，B のそれぞれの遺伝子の関係を指す．このような遺伝子はオルソログ遺伝子（orthologous gene）と呼ぶ．

しかし，相同遺伝子は種分化だけでなく，遺伝子重複によっても生じる．ゲノム内のある遺伝子が重複してできた結果の 2 つの遺伝子は相同遺伝子であるが，オルソログ遺伝子と区別するため，パラログ遺伝子（paralogous gene）と呼ぶ．

図 B5-1　オルソログ遺伝子とパラログ遺伝子

コラム 5-2
花の ABC モデル

　花は，一般的にがく片，花弁，雄ずい，心皮（雌ずい）で構成されている（図 B5-2）．各器官が独自の形態や機能をもつしくみについては，シロイヌナズナの分子遺伝学的研究により明らかになってきた．
　カリフォルニア工科大学のエリオット・メロビッツとジョン・ボーマンは，ある花器官が他の器官に置き換わる突然変異体に着目した．このような，ある器官が他の器官に置き換わる突然変異体を「ホメオティック突然変異体」と呼ぶ．
　二人は，大量につくり出した突然変異体から，花器官に関するホメオティック突然変異体を探し出し，詳細に調べた．その結果，①花器官のホメオティック突然変異体の多くは，3 つのタイプに分類できること，② 3 タイプの変異体では隣り合った 2 つの器官が同時に変化をしていることが明らかになった．たとえば *agamous* と名づけられた変異体では，がく，花弁は正常であるが，雄ずい，心皮はそれぞれ花弁，がく片に変化している．
　彼らは花器官の決定に関して，たった 2 つの仮説によりこの結果を説明可能であることに気づいた．すなわち，(1) 3 つの遺伝的機能があり，A 機能のみがはたらくと がく片に，A,B の 2 つの機能がはたらくと花弁に，B,C 機能がはたらくと雄ずいに，C 機能のみがはたらくと心皮になる．(2) A 機能と C 機能は互いにもう一方の機能の発現を抑制する．この 2 つの仮定の下に構築されたのが「花の ABC モデル」である（図 B5-2, Bowman, 1989）．
　シロイヌナズナの花では 4 つの器官がそれぞれ輪生状に配置するので，各器官の付いている位置を「ホール」(whorl) と呼ぶ．通常の花（野生型）において，A 機能は第一，第二ホールで，B 機能は第二，第三ホールで，C 機能は第三，第四ホールで働いているとすると，ABC モデルによって 4 つの花器官の配置の説明が付く．ここで 3 つの遺伝学的

機能（A,B,C 機能）を担う遺伝子の突然変異により各機能が失われた突然変異体が出現したとする．A 機能を失った突然変異体は 2 番目の仮説により，C 機能の発現を抑えることができなくなり，C 機能はすべてのホールで発現することになる．この発現結果を 1 番目の仮説に基づいて予測すると，第一，第四ホールは心皮に，第二，第三ホールは雄ずいになる．これは *apetala2* と呼ばれるホメオティック突然変異体に対応する．また，B 機能を失った突然変異体は第一，第二ホールはがくに，第三，第四ホールは心皮になり，*apetala3*, *pistillata* と呼ばれる変異体に対応する．

ABC モデルで仮定された 3 つの遺伝学的機能についてはその後の研究により，その実体を担う遺伝子が特定されている．すなわち，A 機能は *APETALA2*（*AP2*），B 機能は *APETALA3*（*AP3*）と *PISTILLATA*（*PI*），C 機能は *AGAMMOUS*（*AG*）という遺伝子により実現されている．さらに注目されることに，*AP2* 遺伝子を除く他の遺伝子は MADS-box と呼ばれる約 60 アミノ酸からなる独自の配列をもつ．この独自配列は動物や菌類のもつ一部の遺伝子にも見られ，MADS-box 遺伝子群と総称されている．

ABC モデルは二重突然変異体の作成や遺伝子の発現様式の解析により検証され，今では一般的に受け入れられている．

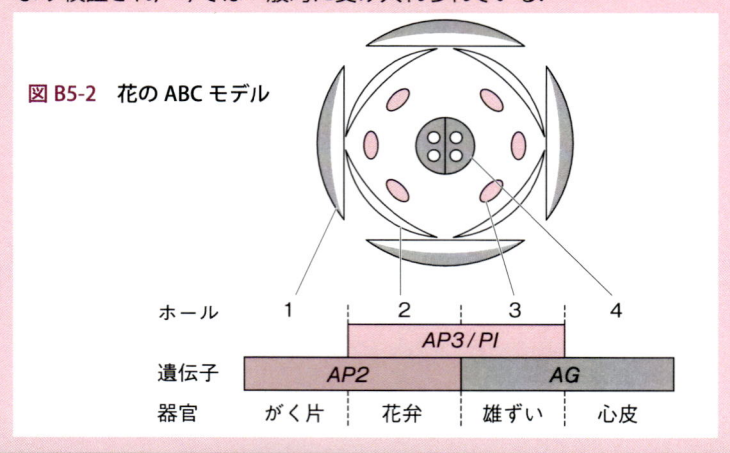

図 B5-2　花の ABC モデル

6章 被子植物の系統と進化

現在の地球の陸上生態系において，もっとも多様化・繁栄している植物は被子植物である．被子植物は花を咲かせるという特徴をもつ．

6.1 被子植物の進化傾向

現生の被子植物には多様な形態をもつ花が見られる．コラム 6-1 に花のさまざまな形態についてまとめてある．前章で見てきたように，もっとも原始的な花の形態についてはまだ議論があるが，花のもつさまざまな特徴については，一般的な進化傾向が見られる．以下に花の代表的な特徴の進化傾向について見ていく．

6.1.1 子房

a. 離生心皮から合生心皮へ

心皮は胚珠を包み込む構造である．多くの被子植物の花では，1つの花の中に複数の心皮がみられるが，心皮がどのように雌ずいを構成するかにより離生心皮と合生心皮に区別される（コラム 6-1）．現生被子植物の系統の中で初期に分化した植物群（基部被子植物，7 章を参照）では，離生心皮の花が多く見られる．そのため，花が起源した初期は離生心皮であったと考えられている．被子植物の系統樹（7 章を参照）上で離生心皮と合生心皮をもつ植物の分布を見てみると，この離生心皮から合生心皮への進化は何度も平行して生じていることが明らかになる．さらに，バラ科などでは離生心皮と合生心皮の花が1つの科内でみられる．

b. 子房上位から下位へ

花の形態において，子房上位（コラム 6-1）が原始的な状態であることは疑いの余地がない．また，1つの科で子房上位から下位まで見られる植物群もいくつも見られ，子房上位から下位への進化は平行して何度も起きている現象である．

コラム 6-1
花の形態的特徴

1. 子房の構造
離生心皮：1枚の心皮が1本の雌ずいを構成する状態．マメ科のように雌ずいが1本の花もあるが，モクレンのように複数の雌ずいをもつ花が多い（図B6.1A）．

合生心皮：複数の心皮が1本の雌ずいを構成している状態（図B6.1B-C）．

2. 子房の位置
子房上位：子房の位置が，がく・花弁・雄ずいと比べて上にある状態（図B6.1D）

子房周位：子房の位置が，がく・花弁・雄ずいと同じレベルにある状態（図B6.1E-F）

子房下位：子房の位置が，がく・花弁・雄ずいと比べて下にある状態（図B6.1G）

3. 花　被
両花被花：花被が2輪あり，通常，外側のがく片と内側の花弁に分化している．ユリの花に見られるように，2輪の花被をもつが，がく片と花弁に分化していない場合は外花被，内花被と呼ばれる（図B6.2D-E）．

無花被花：花被をもたない花（図B6.2A-B）．

単花被花：がく片のみをもつ花．アネモネのように花被が1輪であるが大きく，鮮やかな色をもつ場合でも，1輪の花被はがく片と呼ばれる（図B6.2C）．

4. 花　弁
離弁花：花弁が1枚1枚離れている花（図B6.2E）

合弁花：合弁花は，隣り合った花弁同士が合着して筒状になった花（図B6.2D）．

6.1 被子植物の進化傾向

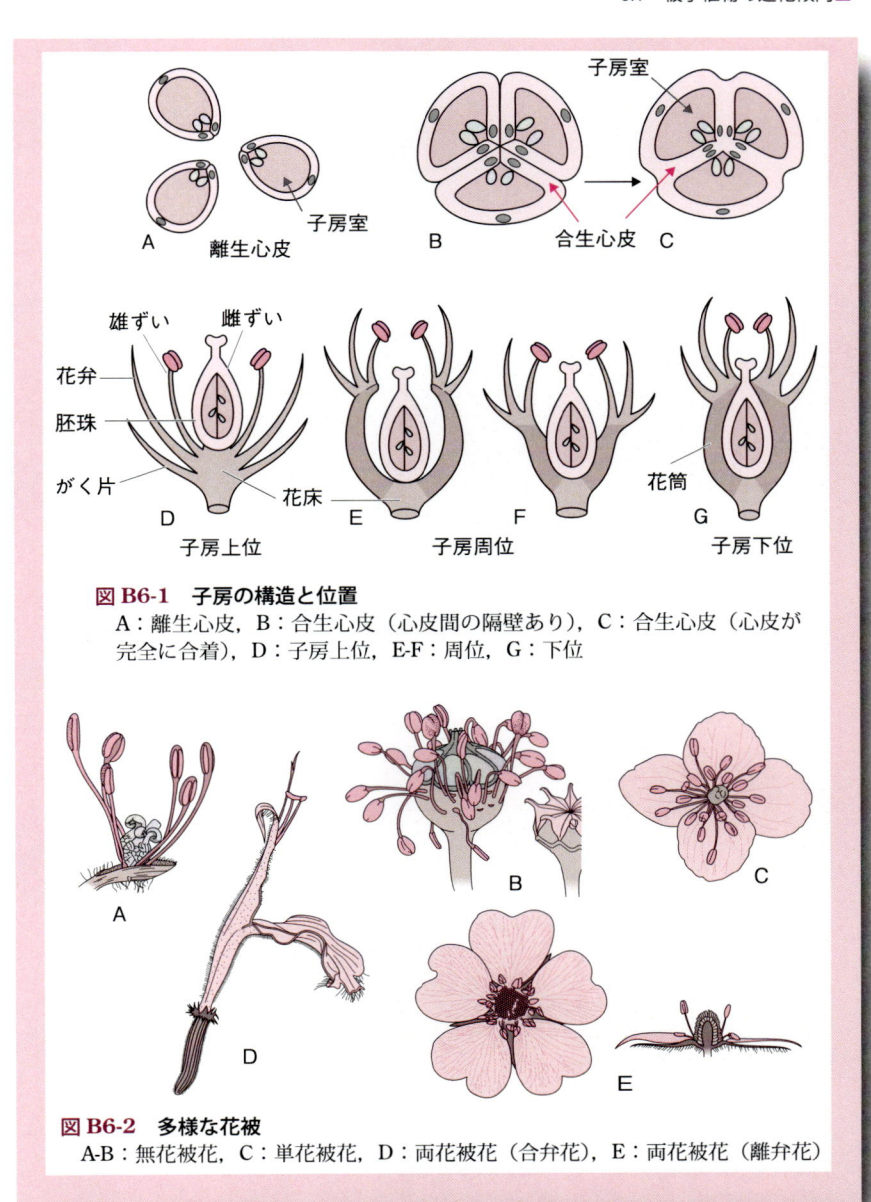

図 B6-1　子房の構造と位置
A：離生心皮，B：合生心皮（心皮間の隔壁あり），C：合生心皮（心皮が完全に合着），D：子房上位，E-F：周位，G：下位

図 B6-2　多様な花被
A-B：無花被花，C：単花被花，D：両花被花（合弁花），E：両花被花（離弁花）

現生の被子植物の2番目の分岐群であるスイレン類では，離生心皮から合生心皮への進化や子房上位から下位への進化が見られる．ジュンサイやハゴロモモでは心皮は離生であり，スイレン属やコウホネ属は合生心皮をもつ（図6.1）．一方，コウホネ属では子房上位であるが，スイレン属は子房周位，オニバス属やオオオニバス属，バルクラヤ属では子房下位となっている．スイレン類の系統樹と花の形態を比較してみると，子房上位から周位へ，そして下位へという進化傾向が読み取れる（図6.1, Ito, 1987）．

6.1.2 花被と花弁の進化

花被とは，花の中で雄ずいと雌ずいといった生殖器官を包み込む構造である．典型的な花では，花被は2輪あり，外側のがく片と内側の花弁に分化している（コラム6-1）．

花が起源したときに，花被がどのような状態であったかはわかっていない．しかし，現生の被子植物の系統樹上では，基部で分化した植物群はほぼすべてががく片と花弁（あるいは外花被と内花被）をもつ．そのため，現生の被子植物については，無花被花や単花被花は2次的に花被のすべて，あるいは花弁（内花被）を失ったものと考えられている．

6.1.3 離弁花から合弁花へ

古典的な被子植物の分類では，双子葉植物は離弁花類と合弁花類に分けられていた．被子植物の系統で初期に分岐した基部被子植物の多くは離弁花をもつ（p.156を参照）．また，

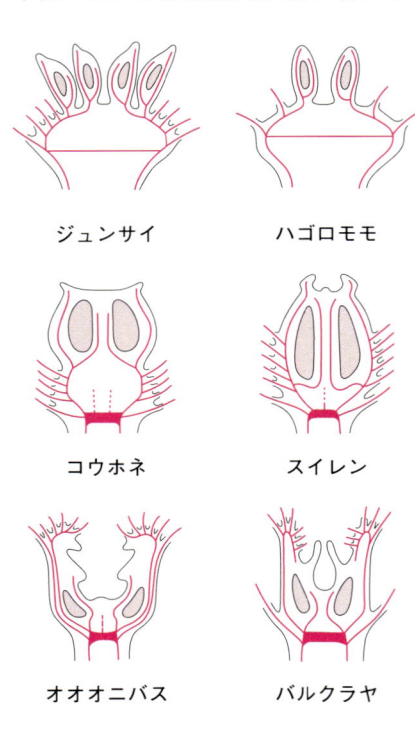

図6.1 スイレン類での子房の位置
スイレン類には離生心皮と合生心皮が見られるだけでなく，子房上位（ジュンサイ属，ハゴロモ属，コウホネ属），子房周位（スイレン属），子房下位（オオオニバス属，バルクラヤ属）が見られる．赤線は花内の維管束．

合弁花でも，発生時には花弁の原器は独立したものもあるため，被子植物内での進化傾向は離弁花から合弁花の方向で進んだと考えられている．

花の発生過程において，合弁の花冠がつくられる方法は大きく2つのタイプがある．1つは花弁の原器が発生当初からリング状につくられるものである．このタイプの合弁花は初期合弁（early sympetaly）と呼ばれている．他方，花弁原器が独立した花弁原器として形成され，発生が進むとともに隣の花弁原器と合着して合弁になる花もある．このタイプの合弁花は後期合弁（late sympetaly）と呼ばれている．

被子植物において，合弁花は多様な科で見られる．双子葉植物だけでなく，単子葉植物でもヒガンバナなど合弁花はあり，合弁花が独立して何回も起源したことは間違いない．そのため，古典的な分類区分である合弁花類は多系統群であると考えられてきた．

しかし，分子系統学的解析の結果では，双子葉植物の合弁花類に入れられる科の多くはAPG分類体系のキク類（p. 156を参照）に所属することが明らかになってきた．もちろん少なからず例外が存在するが，合弁花をもつ性質は系統的にまとまったものである可能性が高い．また，同じ合弁花でもシソ類（キク類Ⅰ）は初期合弁であるものが多いのに対して，キキョウ類（キク類Ⅱ）は後期合弁という特徴をもっている傾向がある（Bremer *et al.*, 2002）．

6.1.4　他殖と自殖

被子植物では有性生殖を行う場合，花粉が柱頭まで運ばれ，さらに花粉管により精細胞が胚珠内の胚嚢まで運ばれて受精する．他殖は異なる個体間で受精が行われ，自殖は同じ個体間で受精が行われることである．

裸子植物では化石種を含め，多くが雌雄の生殖器官を別の生殖枝として形成する．また，雄株と雌株が別個体である雌雄異株の植物も多い．しかし，雌雄同株の種の場合は自分の花粉が胚珠に運ばれる自家受粉も可能であるため，化石種の場合，他殖率がどの程度であったかはわからない．現生種の場合，雌雄異種の種は当然すべて他家受粉である．針葉樹など，風媒で雌雄同株の種では，同じ個体内での花粉の放出時期と胚珠が受粉可能になる時期が

■ 6章　被子植物の系統と進化

ずれているため，他殖率は高いと予想される．

　それでは初期の被子植物はどうであったのだろうか？　花の起源の項目でみてきたように，雌雄の生殖器官が一体化した花という構造の起源が被子植物という系統群の成立に大きく関与したと考えられ，両性花は原始的な状態と考えられる．初期の段階で，自家受粉を妨げるしくみがあったかどうかは不明であるが，後述の自家不和合性のような遺伝的しくみは精密なものであり，花の起源後に進化してきたものであろう．

a. 自家受粉と他家受粉

　自家受粉は，両性花をもつ植物では，1個体で繁殖可能であるという利点がある．また，同じ花の花粉が柱頭に付くしくみがあれば，送粉者がいなくても確実に種子を生産することが可能である．それではなぜ，すべての植物が自家受粉にならないのであろうか？　その理由の1つとして，他家受粉すなわち外交配を行うことにより，集団内に遺伝的な多様性を保持することが可能なためと考えられている．

b. 自殖を防ぐしくみ

　植物は自殖を防ぐためのさまざまなしくみをもっている．受粉前に防ぐし

図 6.2　コブシ（モクレン科）の開花（雌性先熟）
左：雌性ステージ，雌ずいの柱頭が開き，花粉の受粉が可能である．雄ずいの葯は開裂していない．右：雄性ステージ，柱頭は閉じ，葯が開裂して花粉を出している．

くみとしては，雌雄異花，雌雄異株など，雄花と雌花をつくることにより，花粉が同じ花の柱頭に受粉することがないようになっているものがある．また，両性花であっても雌雄異熟という，雄ずいから花粉が放出される時期と雌ずいの柱頭が受粉可能な時期をずらすことにより自花受粉を避ける植物もある．たとえば，モクレン類では，開花時には雌ずいは成熟して，柱頭が開き受粉可能であるが，同じ花の雄ずいの葯は花粉を出していない．数日後に雌ずいの柱頭は畳まれて受粉ができないようになった後，葯が開裂して花粉を放出する（図6.2）．

c. 自家不和合性

自家不和合性とは，自分自身の花粉，あるいは同じ遺伝子をもつ個体の花粉による受精を防ぐしくみである．自家不和合性は，さまざまな機構により実現されているが，多くのものでは花粉管の伸長の抑制や花粉管内物質の分解により実現されている．

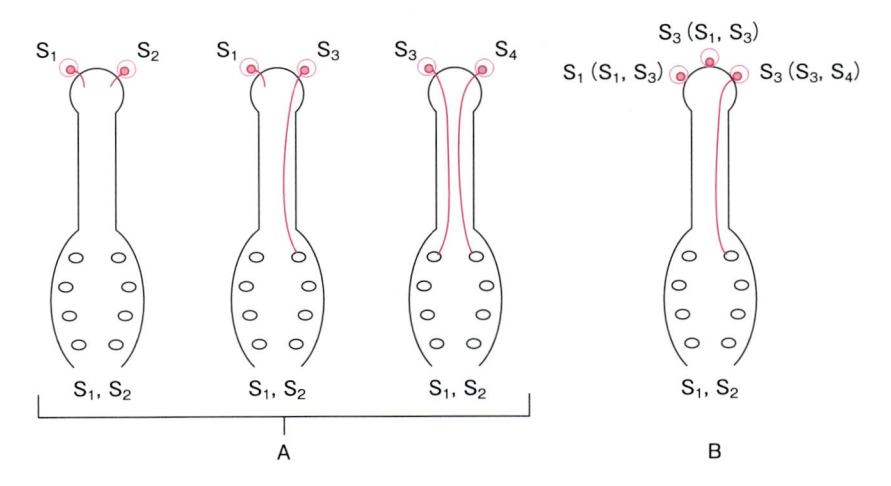

図 6.3 自家不和合性のしくみ
A：配偶体型自家不和合性．S_1-S_4 は対立遺伝子で，雌ずいと異なる遺伝子型の花粉のみ受精可能．B：胞子体型自家不和合性．S_1-S_4 は対立遺伝子であり，括弧内は葯（父親）の遺伝子型．左の花粉のもつ遺伝子は S_1 であるが，表面には S_1，S_3 由来の産物をもっており，遺伝子 S_1，S_2 をもつ柱頭では発芽できない．右の花粉表面には S_3，S_4 由来の産物のみであり発芽・受精が可能である．

配偶体型自家不和合性は，花粉自体のもつ遺伝子により決定される自家不和合性である．ナス科のリボヌクレアーゼによる不和合性や，ケシ科でみられる S-糖タンパク質によるものなど，いくつかのしくみがある（図 6.3A）．

胞子体型自家不和合性では，花粉のもつ不和合性の表現型は，葯（親植物）の二倍性遺伝子型で決定される．胞子体型自家不和合性のしくみはアブラナ科植物でよく研究されている．アブラナ科植物では，親植物のもつ遺伝子に対応した 2 種類の雄性決定因子（タンパク質）が存在して，不和合性に関与する（図 6.3B）．

6.2　送粉者・種子散布者との共進化

化石記録では，被子植物は中生代のジュラ紀から白亜紀にかけての時代に出現したとされている．しかし，最近の DNA 塩基配列からの年代推定では被子植物の起源はジュラ紀初期となっている．被子植物の起源時期についてはまだ異論があるが，被子植物の化石が多くなり，また，多様化するのは白亜紀の後半からである．

6.2.1　被子植物と動物の共進化

生物はお互いにさまざまな影響を与えあって進化している．植物の進化も例外ではなく，とくに被子植物は多くの動物により影響を受け，また，被子植物も多くの動物に影響を与えてきた．

2 種間においての相互進化は，しばしば両者にとって利益になるように進む．被子植物では，花と果実の進化においてこのような例が見られる．

被子植物では，花粉を他の花に運ぶ送粉様式が多様化していて，花の形や色もそれぞれ特徴がある．風で花粉が運ばれる風媒花の場合，花弁をもたないか目立たず，大量の花粉を生産する．一方，昆虫により花粉が運ばれる虫媒花の場合では，一般的に大きくて目立つ花弁をもち，蜜などを分泌するような花が多く，花粉の生産数はそれほど多くない．このような虫媒花の特徴は，昆虫との相互作用の結果生じてきたものと考えられている．すなわち，植物は蜜や花粉などの報酬を用意し，目立つ花でより効率のよい送粉者を引きつけ，動物はできるだけ効率のよい採餌行動が行える花を選ぶといったも

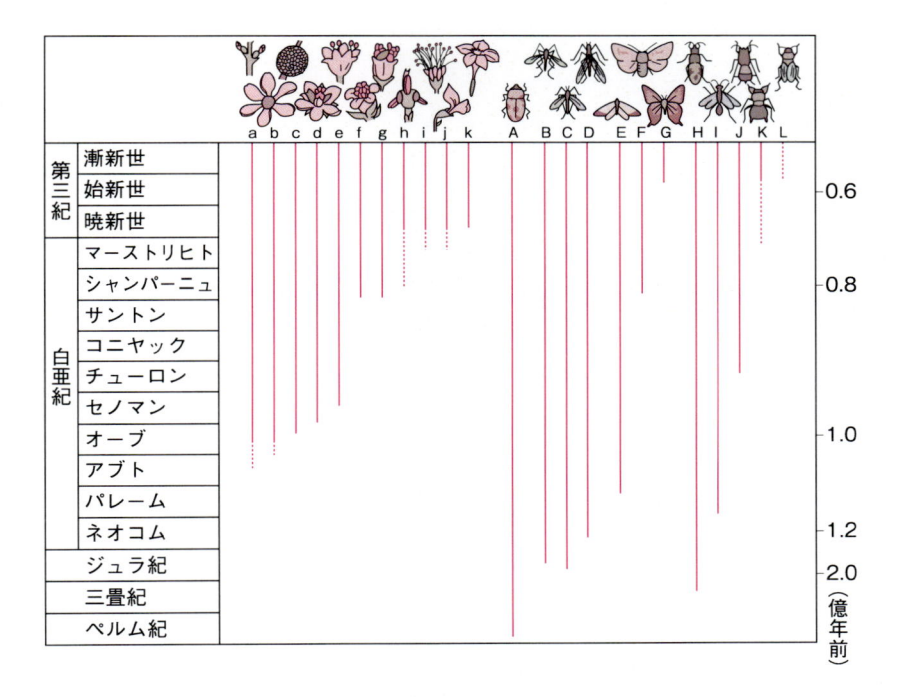

図 6.4　さまざまなタイプの花と昆虫の出現時期
被子植物のさまざまなタイプの花と送粉者の候補となる昆虫類の出現時期の比較．（加藤，1993 より）

のである．

　このような相互作用により，被子植物の花の進化は昆虫種の多様化にとくに影響を与えてきたと考えられている．また，昆虫種の多様化によりさらなる被子植物の花の多様化が起こっている．被子植物の進化の歴史の初期に昆虫類とどのような相互作用があったかについてはわからないが，被子植物の花が多様化する時期と送粉に関わる昆虫が多様化する時期は一致している（図 6.4）．

6.2.2 花と送粉者の関係
a. 花と送粉者による適応放散

現生の被子植物において，送粉を行う動物の中では昆虫が多くの割合を占めている．虫媒花をもつ植物にとって，送粉者の変化は直接的な生殖的隔離が生じうるため，植物の種分化に大きな影響を与える可能性がある．

同じ場所に生育していても，送粉に利用する昆虫が変わった場合，その植物間の交雑はできなくなり，遺伝子プールとしては別になる．このような状態が続けば，やがて種分化して別種となる．花の特性の変化が先なのか，送粉昆虫の種類の変化の方が先なのか，いろいろなケースが考えられるが，結果として，花の特性も大きく変わる例が多い．キスゲ属の例では，おもに蛾類が送粉するキスゲは，黄色い花で強い芳香をもち，夜咲きである．一方，ノカンゾウやハマカンゾウでは蝶類がおもに送粉を行っているが，オレンジ色の花をもち昼咲きである．キスゲと，ノカンゾウあるいはハマカンゾウは

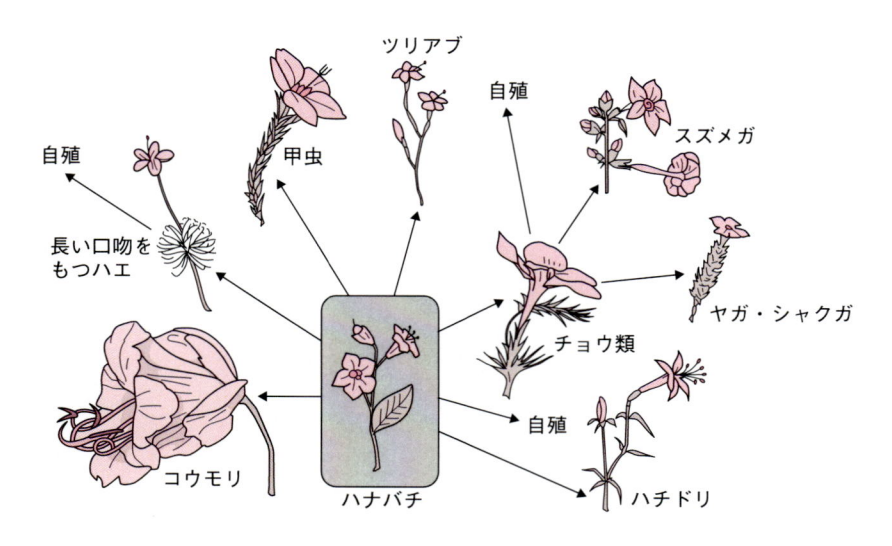

図 6.5 ハナシノブ科における送粉者による適応放散
ハナシノブ科では，さまざまな送粉者に適応して花の形態が多様化している．

しばしば同所的に生育しているが，このような性質のため完全に混じり合ってしまうことはない．

共通の祖先から，さまざまな送粉者に対して適応進化した植物群もある．ハナシノブ科は北米で多数の種に分化して，その花の形態も多様である．この多様化には異なる送粉者へのシフトが大きな役割を果たしたと考えられている（図 6.5）．

b. 絶対送粉共生系：イチジクとイチジクコバチ

花とその送粉者は，大部分は相利共生の関係にあるが，その関係がより緊密になり，相互に依存するようになった共生関係も見られる．このような共生関係を絶対共生系という．送粉に関係する絶対共生系の有名な例として，イチジクとイチジクコバチの関係がある．

イチジクの花序は特殊な形をしていて，壺状の花序の内側に多数の花を付ける（図 6.6A）．花序の上部には穴が開いているが，多数の鱗片に囲まれ，容易に内部に進入することはできないようになっている．イチジクは雄花，2種類の雌花があり，壺状花序の上部には雄花が，下部には雌花が付く（図 6.6A, B）．このような構造でどのように花粉が他の株に運ばれるのであろうか？

イチジクの送粉はイチジクコバチが担っている．イチジクコバチはイチジクコバチ科の小型ハチ類で，実はイチジクコバチの生活にはイチジクの花が不可欠なのである（図 6.6C）．イチジクコバチの雌は，産卵するためにイチジクの花序の開口部から内部進入する．この下部にある雌花の子房に産卵する．雌花には花柱の長い長花柱花と短い短花柱花があり，長花柱花は子房まで産卵管が届かないため，短花柱花のみに産卵可能になる．産卵時に体表に付いている，あるいは花粉ポケットに入れてある花粉が雌花の柱頭に付き受粉する．産卵時には，上部の雄花の花粉はまだ成熟していないので，他家受粉となる．イチジクコバチの幼虫は，種子を食べて成長し，成虫になって出てくる．壺状花序の内部で雄と雌は交尾して，雌は花序の外部へ開口部を通って出る．このときに上部にある雄花の花粉が雌の体表に付着する．この花粉をもって他の株の花へ産卵のために移動し，その結果，送粉を行うことにな

■6章　被子植物の系統と進化

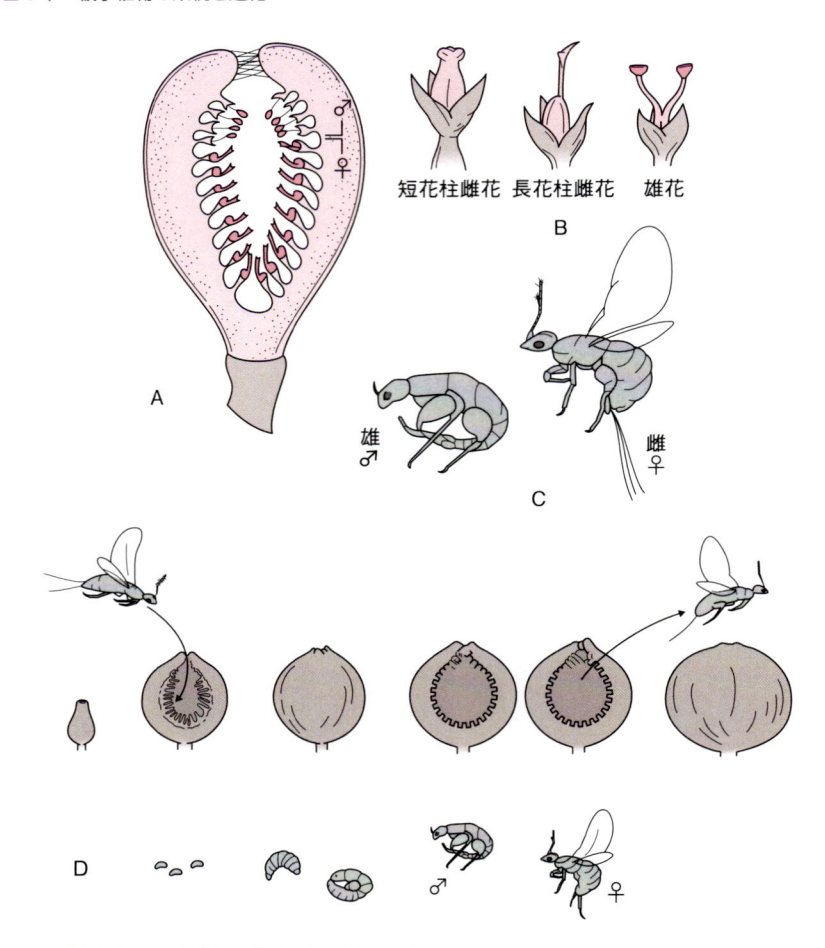

図6.6　イチジクの花とイチジクコバチ
　A：イチジクの花序の断面図．B：イチジクの花．C：イチジクコバチ．D：イチジクとイチジクコバチの生活史．イチジクの花序（A）は，上部に雄花を，下部に雌花をもつ．このような外部から閉じた花序をもつため，受粉はイチジクコバチ（C）によって行われる（D）．また，イチジクコバチは，イチジクの花に産卵する．

る（図 6.6D）．

　このように，イチジクは送粉をイチジクコバチに頼り，イチジクコバチは幼虫の餌と生活の場をイチジクに依存するという関係になっている．

　イチジク属は 800 種ほどの異なる種があるが，多くの場合，それぞれの種に送粉を行う固有のコバチがいる．イチジク属とイチジクコバチのそれぞれの系統関係を比較した研究では，両者の進化は同調しているという結果が得られている（Yokoyama, 2003）．

　花と昆虫の送粉を巡る絶対共生系の例は，ユッカとユッカガ（Huth & Pellmyr, 1999），カンコノキとホソガ（Kawakita & Kato, 2004）などにも見られる．ユッカはアメリカ大陸に産するリュウゼツラン科の植物であり，ユッカガはこのユッカの子房に産卵する蛾である．ユッカの受粉は，ユッカガが雄ずいから花粉を別の花の柱頭に運ぶことのみで行われている．ユッカガの雌は産卵時に花粉を柱頭に付着させる．この行動は，ユッカの種子が成長しないと幼虫が餌をとるのに困ることから発達してきたと思われる．幼虫はその種子の一部を食べて成長する．その際，なぜすべての種子を食べずに一部のみを食べる行動になっているか疑問であった．野外観察の結果，ユッカは種子の大部分を食べられた果実を選択的に落とすことがわかり，すべての種子を食べられないように自然選択がはたらいていることが明らかになった（Huth & Pellmyr, 1999）．このような，植物と昆虫両者の相互作用により，絶対共生系が成立してきたのである．

7章 陸上植物の多様性と系統

2章から6章で概説してきたように，植物は古生代シルル紀に陸上に進出を果たし，陸上環境に適応しながら多様な系統群に分化してきた．化石の研究や，現生の植物の分子系統解析により明らかになってきた，陸上植物の系統進化の概要を図7.1に示す．本章では，主に現在見られる陸上植物の主要な群についてその特徴と系統を見ていく．

7.1 コケ植物

7.1.1 コケ植物とは

コケ植物は，陸上植物のなかで，維管束をもたず胞子でふえる植物の総称である．植物形態学的には茎，葉，根は分化していないが，苔類の一部や蘚類では茎状部分と葉状器官に分化した構造をもつ．他の陸上植物と異なり，コケ植物では生活の主体が配偶体となり，胞子体は小型で配偶体上に寄生するようにつく．コケ植物は一般的に蘚類，苔類，ツノゴケ類の3群に分類されてきた（表7.1）．分子系統学的解析によると，コケ植物は現生の陸上植物の中でもっとも古い時代に分岐した系統群である（Qiu & Palmer, 1999）．

7.1.2 コケ植物の系統

コケ植物の3群，蘚類，苔類，ツノゴケ類に維管束植物を加えた4群—すなわち現生の陸上植物の系統関係はどのようになっているのであろうか？

これまでいくつもの分子系統学的解析や形態形質の分岐学的解析が行われてきた．形態形質や化学成分などを用いた古典的な研究ではコケ植物が単系統であるという結果のものが多いが，形態形質の分岐学的解析では蘚類が維管束植物の姉妹群となり，ツノゴケや苔類は基部で分岐するという結果も多く発表されている（図7.2, Mischlar & Churchill, 1984）．

これまで陸上植物の分子系統学的解析は多数行われている．その結果の多

7.1 コケ植物

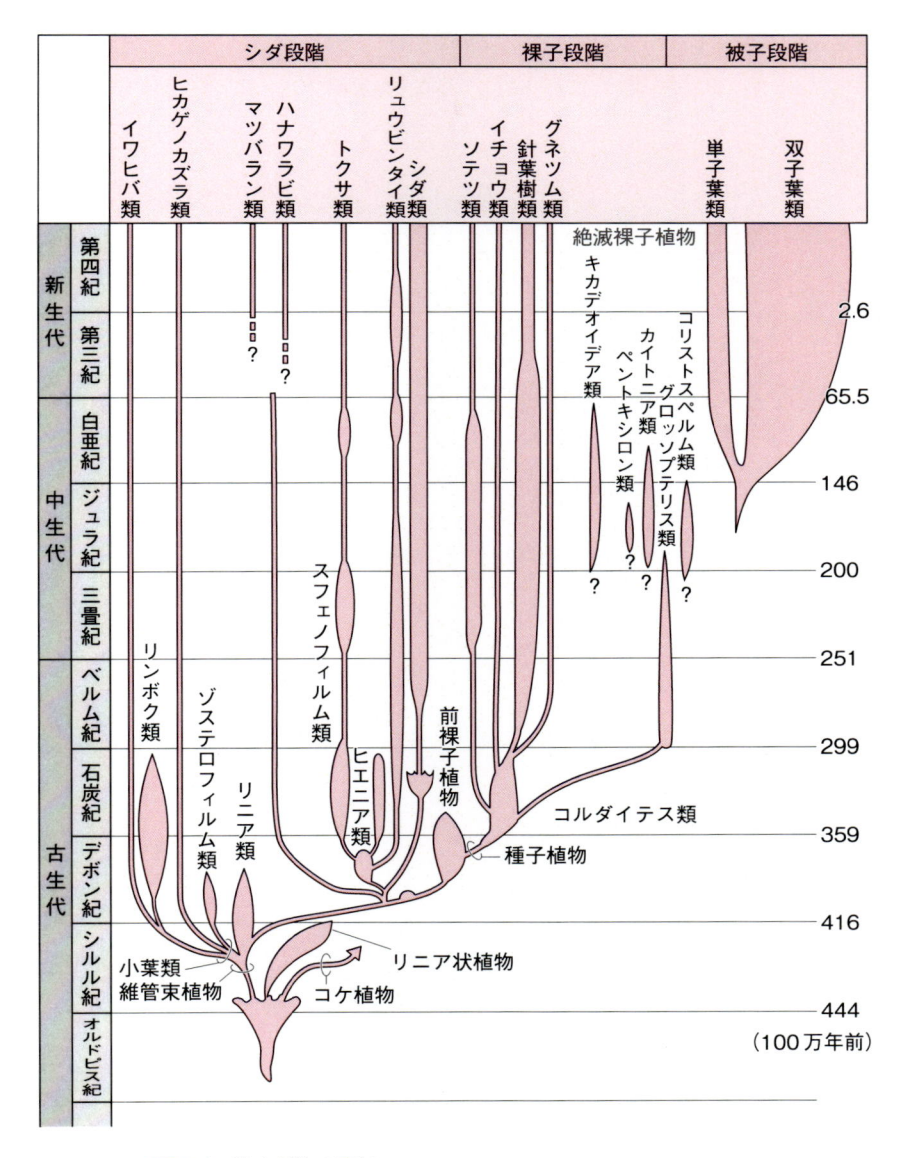

図 7.1　陸上植物の系統
化石の出現時期から構成した陸上植物の系統．現生の植物群の系統関係は分子系統解析の結果に基づく．（加藤，1997 を改変）

■ 7 章　陸上植物の多様性と系統

表 7.1　コケ植物 3 群の特徴

	蘚類（蘚植物門）	苔類（苔植物門）	ツノゴケ類（ツノゴケ植物門）
体制	茎葉体	茎葉体・葉状体	葉状体
帽	有	無	無
軸柱	有	無	有
蒴柄	堅く長命，完成前に伸びる	柔らかく短命・胞子放出直前に伸びる	無
蒴の開口	蓋がとれるまたは縦裂	縦に 4 裂または不規則に裂開	縦に 2 裂
胞子体の気孔	有	無	有
弾糸	無	有	有
葉緑体	多数	多数	1～数個
ピレノイド	無	無	有
油体	無	有	無

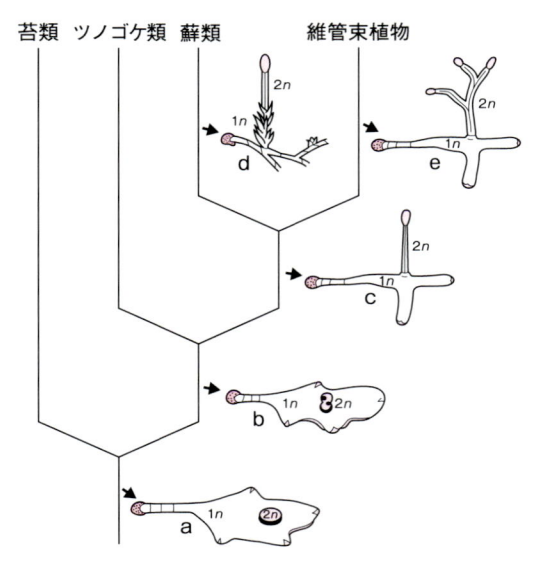

図 7.2　形態形質による陸上植物の分岐解析
（Mishlar & Churchill, 1984）

くではコケ植物は単系統にならない．たとえば，キウらにより，苔類が最初の分岐になり，続いてツノゴケ類が分岐するという系統樹が得られている（図7.3, Qiu & Palmer, 1999）．しかし，西山らの結果ではコケ植物は単系統になっている（Nishiyama *et al*., 2004）．これまでの結果を総合して考えると，おそらくコケ植物は単系統群ではない可能性が高い．しかし，その分岐順序や各群の系統関係については上記のとおり，結果が一致せず，今後のさらに詳細な研究結果を待たなければならない．

7.1.3 苔植物門 Hepatophyta

苔類は，世界中に約 68 科，330 属，8000 種が知られる．苔類には，ゼニゴケのような配偶体が平らな葉状体の群と，ウロコゴケのように配偶体が葉に似た側生器官を付ける茎状の構造をもつ茎葉体になる群がある（図7.4A-B）．配偶体の細胞には油体をもつ．胞子嚢の中には弾糸と呼ばれる糸状の細胞がつくられ，胞子の散布時に弾くはたらきをする（図7.4）．

苔類は以下の2つの群に分類される．両者の特徴は表7.2にまとめてある．

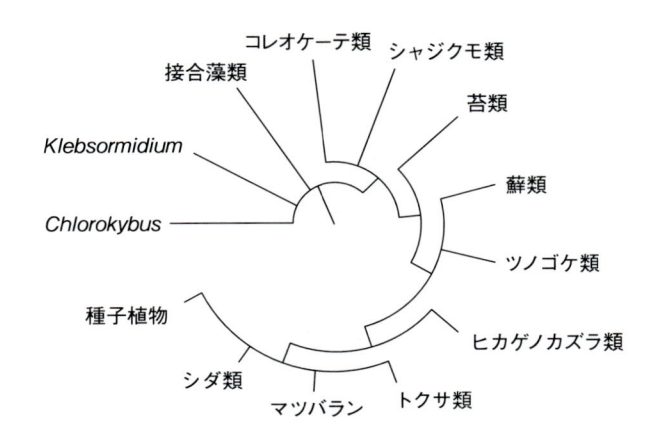

図 7.3 陸上植物の系統樹
Chlorokybus と *Klebsormidium* は，ストレプト植物に属する藻類．（Qiu & Palmer, 1999 を改変）

コラム 7-1
生物の階層的分類

　生物の分類では，種が基本的な単位である．しかし，地球上には多数の生物種がいるため，種名だけで生物の世界全体を認識するには限界がある．そのため，類似した種をまとめて属という分類階級が作られている．同様に，似た属は科としてまとめられる．科より上位の分類階級として，目，綱，門，界が設けられて，階層的に生物が整理されている（図B7.1）．界は動物界，植物界のように最上位の階級として用いられてきたが，最近では，さらに上位の階級としてドメイン（超界）が用いられている（1章を参照）．7章の各植物群の階級はp.158に示した陸上植物の分類体系に基づいている．

イネ *Oryza sativa* L.

図 B7-1　階層的分類（イネの場合）

表 7.2　苔類各亜門の特徴

質	ゼニゴケ亜門	ウロコゴケ亜門
体制	葉状	茎葉状・葉状
仮根	＋（平滑・有紋）	＋（平滑）
気室孔	＋	－
油体	特定の少数の細胞	＋（全細胞）
造卵器	頸部 6 細胞列	頸部 4, 5 細胞列
蒴柄	短・無柄	長柄
蒴壁	1 層	1・多層
蒴の裂開	不規則	縦に 4 裂片
胞子母細胞	くびれない	4 葉にくびれる

a. ゼニゴケ亜門（12 科約 450 種）

植物体は多細胞層からなる葉状の体制となる．葉状体の背面には気室孔と気室が発達する．仮根は単細胞で，葉状体の腹面には複数列に規則正しく配列した鱗片と仮根が発達する．

b. ウロコゴケ亜門（56 科，約 7500 種）

植物体の形態は多様で，茎状器官と葉状器官が分化する茎葉体と呼ばれる体制をもつもの（コマチゴケ目とウロコゴケ目）と葉状体のみの体制をもつもの（フタマタゴケ目）とがある．葉身細胞には油体がある．それぞれの特徴は表 7.2 を参照．

7.1.4　ツノゴケ植物門 Anthocerophyta（2 科，約 400 種）

ツノゴケ植物は約 400 種からなり，植物体は直径 1〜2cm の葉状体で水平に広がり，しばしば，シアノバクテリア（ラン藻）が共生する．腹面には単細胞の平滑な仮根が生じる．

葉状体の細胞には 1 個の大型の円盤状葉緑体があり内部にはピレノイドをもつ．油体はない．造卵器と造精器は葉状体の上面近くに埋まって形成される．胞子体は角（ツノ）状で，先端部分から基部に向かって成熟し，先端部分から 2 裂する．中心には軸柱がある（蘚類にもあるが，苔類にはない）．胞子体の表面には気孔が発達する（図 7.4）．

7.1.5　蘚植物門 Bryophyta

コケ植物の中でもっとも大きな群であり，世界中に約 100 の科，10,000 種

が生育する．配偶体は主としてコケの絨毯をつくる構造であり，茎葉体をつくる．多くは小型であるが，中には50cm以上になる種もある．茎葉体につく「葉」は通常は1細胞層であり，維管束植物に見られる葉とは起源の異なるものである．蘚類の胞子体は，配偶体上から伸長し，肉眼で容易に認識できる．胞子体は緑色を帯び，光合成が可能である（図7.4D-G）．

蘚類は以下の4つの群に分類される．それぞれの特徴は表7.3にまとめてある．

a. ナンジャモンジャゴケ亜門 Takakiophytina（1科1属2種）

植物体は繊細で，基部で横走枝を出し，茎の中部から基部に透明の房状の粘液細胞をもつ（図7.4E）．

ナンジャモンジャゴケは，最初は胞子体や生殖器官のない配偶体の標本のみであり，それまで知られていたコケ植物とは大きく異なっていたので，新属新種の苔類として記載された．しかし，その後の研究や胞子体の発見で蘚類に属することが明らかになった．

b. ミズゴケ亜門 Sphagnophytina（2科2属約150種）

ほとんどの種は湿地に生育し，高緯度地方に発達する湿地の泥炭のほとんどはミズゴケ類によりつくられている．

植物体は茎状器官と葉状器官が分化する．葉身細胞には小型の葉緑細胞と大型で透明の透明細胞の2種の細胞が分化する．大型細胞には細胞内面壁に線状肥厚が発達し，水を蓄える（図7.4G）．

図7.4 コケ植物
A-B：苔類；A：ゼニゴケ類，B：ウロコゴケ類．C：ツノゴケ類．D-G：蘚類；D：マゴケ亜綱，E：ナンジャモンジャ亜綱，F：クロゴケ亜綱，G：ミズゴケ亜綱
A：ゼニゴケ *Marchantia polymorpha*．a1：雄植物（葉状体），a2：雄器床縦断面，a3：雌植物（葉状体），a4：雌器床縦断面．B：ヒュウガソロイゴケ *Jungermannia hiugaensis*，b1：雄植物（茎葉体），b2：雌植物（茎葉体）．C：ミヤツノゴケ *Phaeoceros laevis* 植物体（葉状体），D：ヒノキゴケ *Pyrrhobryum dozyoides* 植物体．E：ナンジャモンジャゴケ *Takakia lepidozioides*，e1：配偶体，e2：配偶体の葉の断面．F：クロゴケ *Andreaea rupestris*，f1：植物体，f2：帽．G：オオミズゴケ *Sphagnum palustre*，g1：植物体，g2：蒴．（岩月，1997より：中島作図〔a1, 3：三宅，1899；a2, 4：Parihar，1956；B：Amakawa，1960；C：Hasegawa，1984；D：岩月・井上，1971；E：Schuster，1966；F：Noguchi，1987；G：岩月・井上，1971を改変〕）

7.1 コケ植物

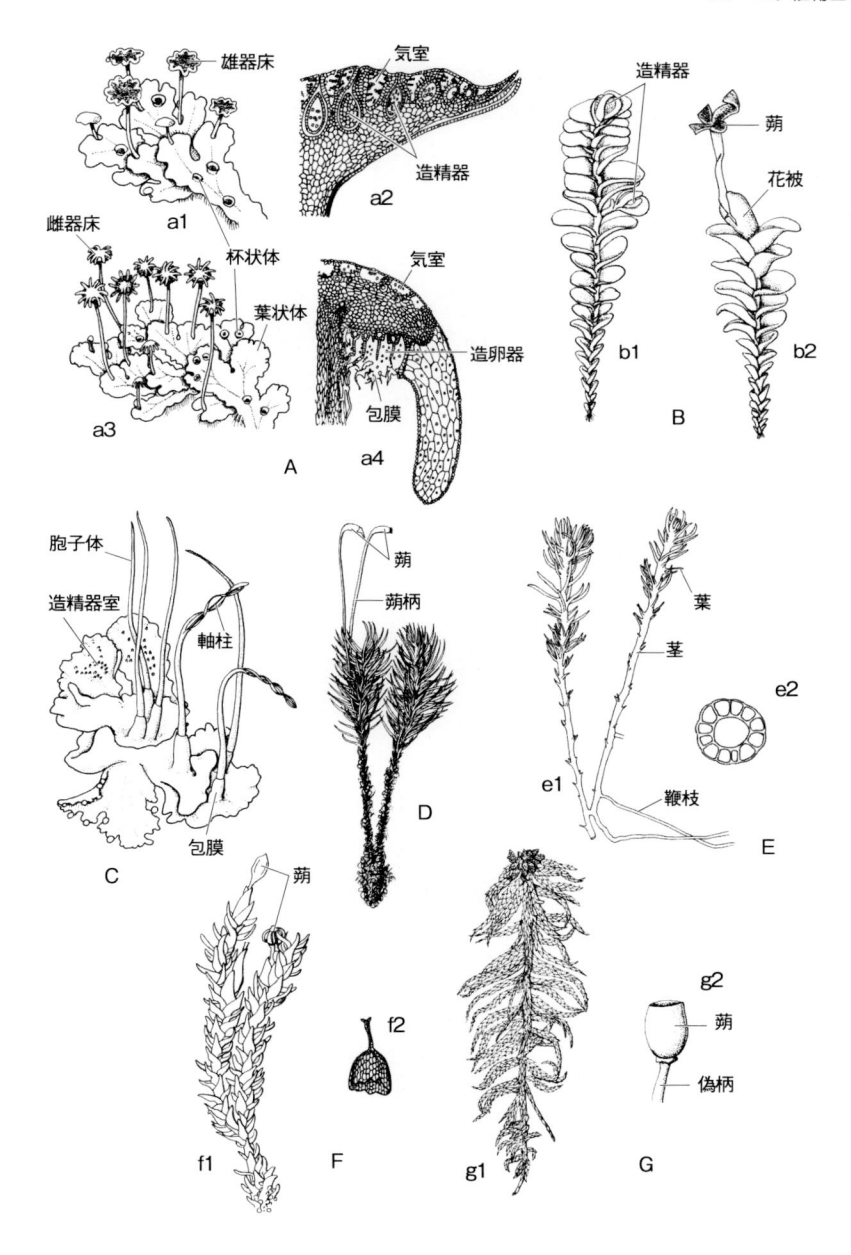

表 7.3　蘚類の各亜門の特徴

形質		ナンジャモンジャゴケ亜門	クロゴケ亜門	ミズゴケ亜門	マゴケ亜門
配偶体関連	原糸体	?	ひも状多列組胞	単列糸状	葉状
	葉の中肋	−	＋	±	−
	偽柄	−	＋	−	＋
胞子体関連	帽	＋	＋(脆弱)	＋(強壮)	＋(痕跡的)
	気孔	−	−	＋	偽孔
	蒴の裂開線	縦 1本	縦 4, 8本	横環状 1本	横環状 1本
	蒴歯	−	−	＋	−
	軸柱	＋?	＋ ドーム状	＋ 円柱状	＋ ドーム状
	気室	−	−	＋	−

c. マゴケ亜門 Bryophytina（約 90 科，約 650 属，約 10,000 種）

蘚類の大部分の種がこのマゴケ亜門に属する．

原糸体はふつう糸状．茎葉体は，茎と葉が分化し，茎は長く伸びて基物を這うものと直立するものがある．茎は枝分かれせずに単一のものから，規則正しく分枝して羽状や樹状になるものまで多様である（図 7.4D）．

d. クロゴケ亜門（1 科 2 属約 100 種）

寒冷地を中心に分布する．原糸体，仮根は多細胞列の糸状．植物体は茎と葉が分化する（図 7.4F）．

7.2 無種子維管束植物

種子をつくらない維管束植物は，一般的には「シダ」と呼ばれている．無種子維管束植物は，維管束植物全体から単系統群である種子植物を除いた植物群である．このことから，無種子維管束植物全体は側系統群となる（図 7.3）．

7.2.1 維管束植物の系統と分類

現生の無種子維管束植物は最新の分子系統学的研究により，大きく 2 つの単系統群，すなわちヒカゲノカズラ植物とシダ植物に分かれることが明らかになった（Hasebe et al., 1995）．ヒカゲノカズラ植物はいわゆる小葉をも

7.2 無種子維管束植物■

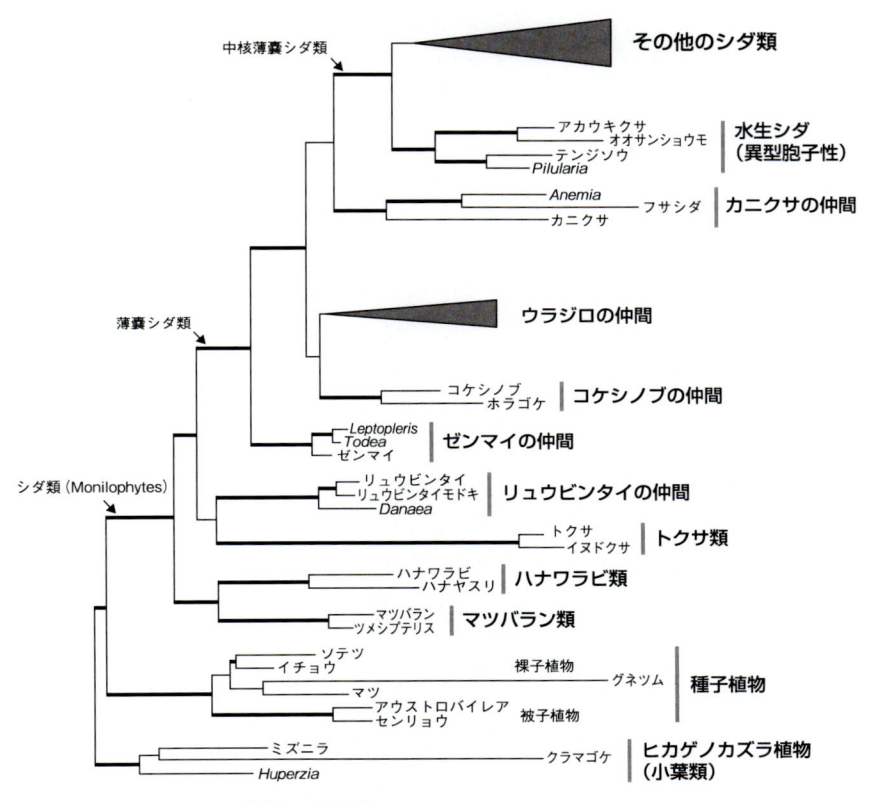

図 7.5 シダ植物の系統樹
3種類の葉緑体 DNA 遺伝子と核 18S リボソーム遺伝子を用いた分子系統解析の結果に基づく系統樹．マツバランやトクサはいわゆるシダ類と単系統となる．（Pryer *et al.*, 2004 を改変）

つ植物群であり，シダ植物は大葉を有する植物群である（3章を参照）．この2群は葉の形態的な特徴だけでなく，葉緑体 DNA ゲノム中に大きな逆位が存在するという分子的特徴によっても特徴づけられている（Raubeson & Jansen, 1992）．種子植物は，シダ植物に含まれる祖先系統から進化してきたと推定されている．

現生の無種子維管束植物は，かつては葉の特徴により無葉類（マツバラン類），小葉類（ヒカゲノカズラ類），楔葉類（トクサ類），大葉類（シダ類）

117

というように分類されていたこともある（Bold, 1973 など）．しかし前述のように詳細な形態の比較や分子系統学的解析の結果，ヒカゲノカズラ類は維管束植物の最初の分岐群であり，他の群は単系統群であることが明らかになってきたため，現在ではこのような分類体系は採用されていない．

7.2.2　ヒカゲノカズラ植物門 Lycophyta

現生のヒカゲノカズラ植物は，ヒカゲノカズラ類，イワヒバ類，ミズニラ類からなり，それぞれが目として扱われることが多い．現生の種数は少ないが，古生代の石炭紀に大いに繁栄した植物群であり，直径2m以上，高さ40m以上となる巨大な木本植物も出現していた．このような大型のヒカゲノカズラ植物は暖かく湿潤な沼地に生育していたが，多くの群は石炭紀の終わりに絶滅した（図 7.6）．

ヒカゲノカズラ植物の特徴は，通常，二又分枝をするシュート系をもち，

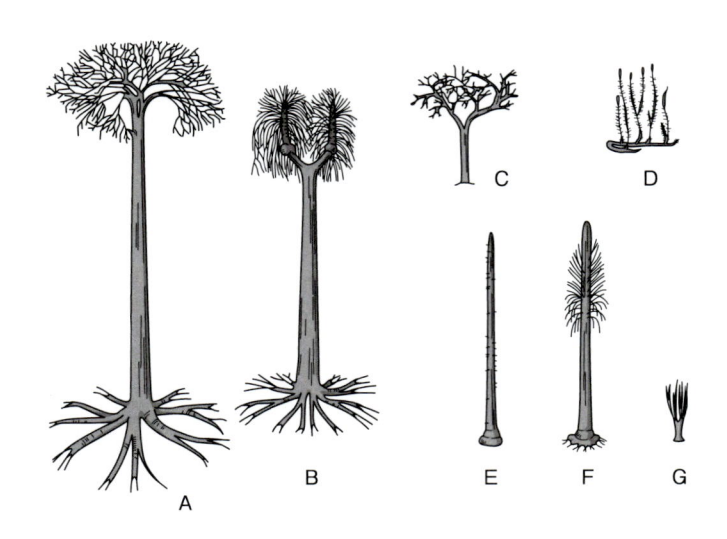

図 7.6　絶滅した小葉類
A：リンボク（後期石炭紀，高さ 50 m），B: シギラリア属（後期石炭紀，高さ 40 m），C:バルメイエロデンドロン属（初期石炭紀，高さ 0.6 m），D:プロトレピドデンドロン（中期デボン紀，高さ 0.2 m），E：チャロネリア（中期－後期石炭紀，高さ 2 m），F：プレウロメリア（三畳紀，高さ 2 m），G:ミズニラ（現生，高さ 0.3 m）

コラム 7-2
同型胞子性と異型胞子性

　無種子維管束植物は胞子体が生活の中心であり，胞子体は減数分裂を経て胞子をつくり，胞子が散布体として機能する．この際，1種類の胞子をつくる同型胞子性と2種類の胞子をつくる異型胞子性がある．異型胞子性では，2種類－大胞子嚢と小胞子嚢がつくられ，大胞子嚢では大型の大胞子が少数，小胞子嚢では小型の小胞子が多数つくられる．通常，大胞子は卵細胞をつくる雌性配偶体に，小胞子からは精子をつくる雄性配偶体に発生する．

　これに対し，同型胞子性の植物では1種類の胞子のみがつくられ，この胞子からできる配偶体は通常，卵細胞と精子の両者をつくる能力がある．

　進化傾向としては同型胞子性から異型胞子性に進化したと考えられている．種子植物の誕生には異型胞子性がまず生じたと考えられている．

　現生の無種子維管束植物で異型胞子性をもつ植物群はヒカゲノカズラ植物のイワヒバ類とミズニラ類，シダ植物の中で水生のデンジソウ類とサンショウモ類である．

小型で鱗片状の葉を付けることである．シュートの二又分枝は，初期の陸上植物の特徴と考えられている．また，前述のように，ヒカゲノカズラ植物のもつ鱗片状の葉は，シダ植物や種子植物の葉とは起源の異なる「小葉」である．

　ヒカゲノカズラ類は，1種類の胞子をつくる同型胞子性である．これに対し，クラマゴケ類とミズニラ類は，大胞子と小胞子がある異型胞子性である（コラム 7-2 参照）．

a. ヒカゲノカズラ目（1科2属約200種）

　現生のヒカゲノカズラ目は，ヒカゲノカズラ属とフィログロッソム属の2属を含むヒカゲノカズラ科1科からなる（図 7.7）．ヒカゲノカズラ属は，世

■ 7章　陸上植物の多様性と系統

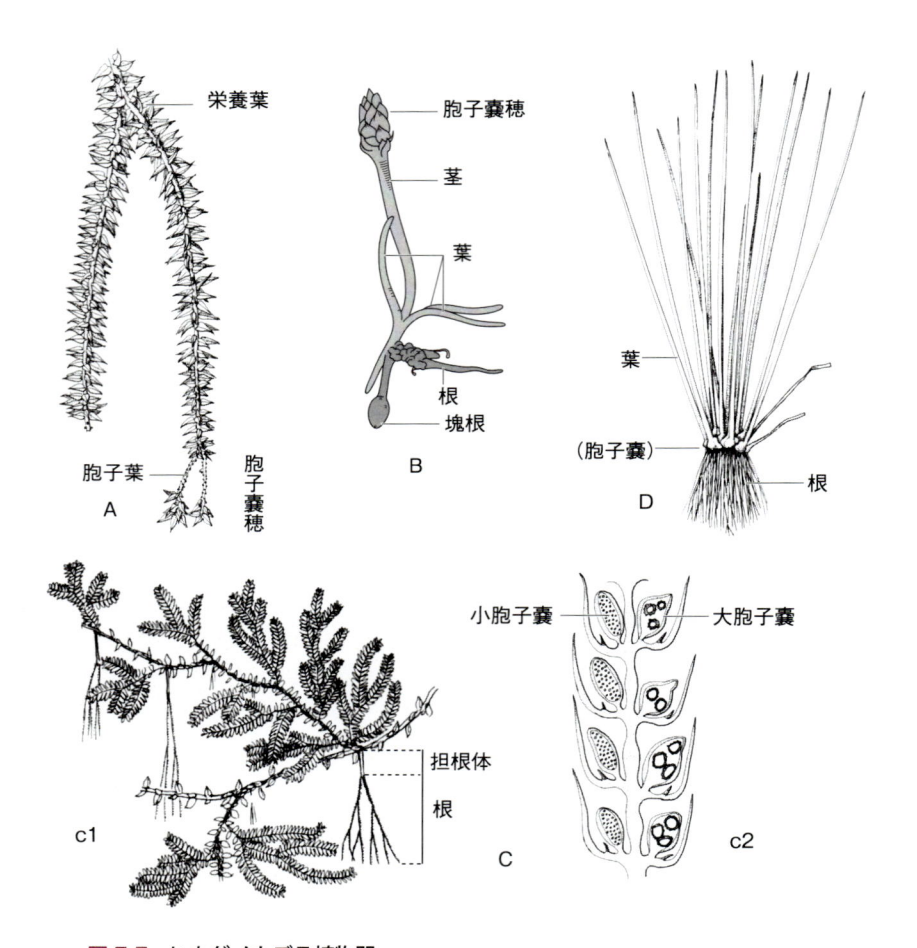

図 7.7　ヒカゲノカズラ植物門
　A-B：ヒカゲノカズラ類；A：ヒカゲノカズラ属，B：フィログロッソム属．
C：クラマゴケ類．D：ミズニラ類．
　A：ヒカゲノカズラ目（ヒカゲノカズラ属 *Lycopodium*），C：イワヒバ目，
c1：胞子体（コンテリクラマゴケ *Selaginella uncinata*），c2：胞子嚢穂の
断面図（セラジネラ・オレガナ *S. oregana*），D：ミズニラ *Isoetes japonica*
の胞子体．(A, C, D：加藤，1997 より；中島作図〔c2：Smith, 1955 を改変〕)

界中に広く分布する．フィログロッソム属は，オーストラリア固有の単型属である．植物体は小型で，ヒカゲノカズラ属植物が幼形成熟したと思わせる形態をしている．

この仲間は二又分枝する茎をもつ．茎の内部構造は，表皮，皮層，中心柱，中心柱に分かれ，多様なタイプの中心柱が見られる．茎頂分裂組織は，複数細胞の頂端細胞群でできている．

葉は小型で多くの場合鱗片状であり，いわゆる小葉であると考えられている．根は内生的に発生する．

胞子嚢は胞子葉の向軸側に位置する．ヒカゲノカズラでは胞子葉が小型で胞子嚢穂をつくるが，コスギランなどでは栄養葉と胞子葉が形態的に分化していない（口絵①）．胞子嚢の発生は真嚢性である．胞子は同型胞子性で，胞子母細胞が減数分裂を行い，胞子四分子ができる．

胞子が発芽してできる配偶体は小型で，その発生には内生菌類との共生が必要とされる．配偶体上には造卵器と造精器がつくられ，成熟した造精器から放出される2本の鞭毛をもつ精子が造卵器中の卵細胞にたどり着いて受精する．

b. イワヒバ目（1科1属約700種）

イワヒバ類は，世界中に広く分布するが，多くの種は熱帯産である．

茎の分枝は基本的には二又分枝であるが，その後の生育に差があり，結果的に不等分枝になるものが多い．多くの種は匍匐性であり，その結果，茎に背腹性が生じる．大部分の種は原生中心柱をもつが，複数の維管束分柱をもつものもある（図7.7C）．

シュートの先端には1つの大型の茎頂細胞をもち，細胞分裂により切り出された細胞が茎のさまざまな組織に分化していく．葉は小型で，通常1本の脈をもつ．

胞子は異型胞子性で大胞子と小胞子がある．胞子嚢は大胞子嚢と小胞子嚢があり胞子嚢穂となる．

根と担根体：ヒカゲノカズラ植物の中で，イワヒバ目は担根体と呼ばれる特殊な器官をもつ．担根体は茎から分岐し，一見，根のように見えるが，外

生的な発生で生じ，先端に内生的に生じた根を付ける．また，大型種では二又分枝により枝分かれをする．このような特徴を根はもたないため，加藤(1999)は担根体を茎・葉・根とは異なる第4の器官と考えた．

c. ミズニラ目（1科1属[*7-1]で約150種）

現生のミズニラ目はすべてが水生の植物群である．イワヒバ目と同じように，小舌を有する葉をもち異型胞子性である．

茎は球茎と呼ばれる短縮した構造をとり，形成層をもって二次肥大成長を行う．一部の種では，茎が伸張して二又分枝状になる（図7.7D）．

葉は細くて長く，潜在的にはすべての葉が胞子葉である．上部には4つの大きな気室が縦貫する．下部には小舌をもち，その下方に胞子嚢（大胞子嚢あるいは小胞子嚢）を付ける．小胞子嚢には$20 \sim 40 \mu m$の小胞子が数十万個，大胞子嚢には$200 \sim 900 \mu m$の大胞子が数百個生ずる．

根は球茎から出て二又分枝をする．内部構造は特殊で大きな空隙を取り囲む円柱状の皮層があり，その内部に1本の並列維管束をもつ．この構造はリンボク目の形態属であるスティグマリア *Stigmaria* の担根体から出る突起物の内部構造と類似し，リンボク目との系統的関係が示唆される（Stewart, 1947）．

7.2.3 シダ植物門 Pteridophyta

シダ植物門は，現生の無種子維管束植物の中でもっとも大きな植物群であり，全世界の約12,000種が分布している．多くの種は草本生であるが，ヘゴなど木本になる種も存在する．

本章の始めの部分で述べたように，無種子維管束植物の各群の系統関係は，分子系統学的解析によって明らかになった．従来はマツバランやトクサ類はシダ植物門に入れない分類体系が一般的であったが，この両者とシダ類は単系統群となり（Hasebe *et al.*, 1995），シダ植物門として扱うことが妥当である．

[*7-1] 球茎が伸長して二又分枝をする *Stylites* 属が1957年に記載されたが，アンデス産のミズニラ属との類似により，現在は亜属として扱われることが多い．

7.2 無種子維管束植物

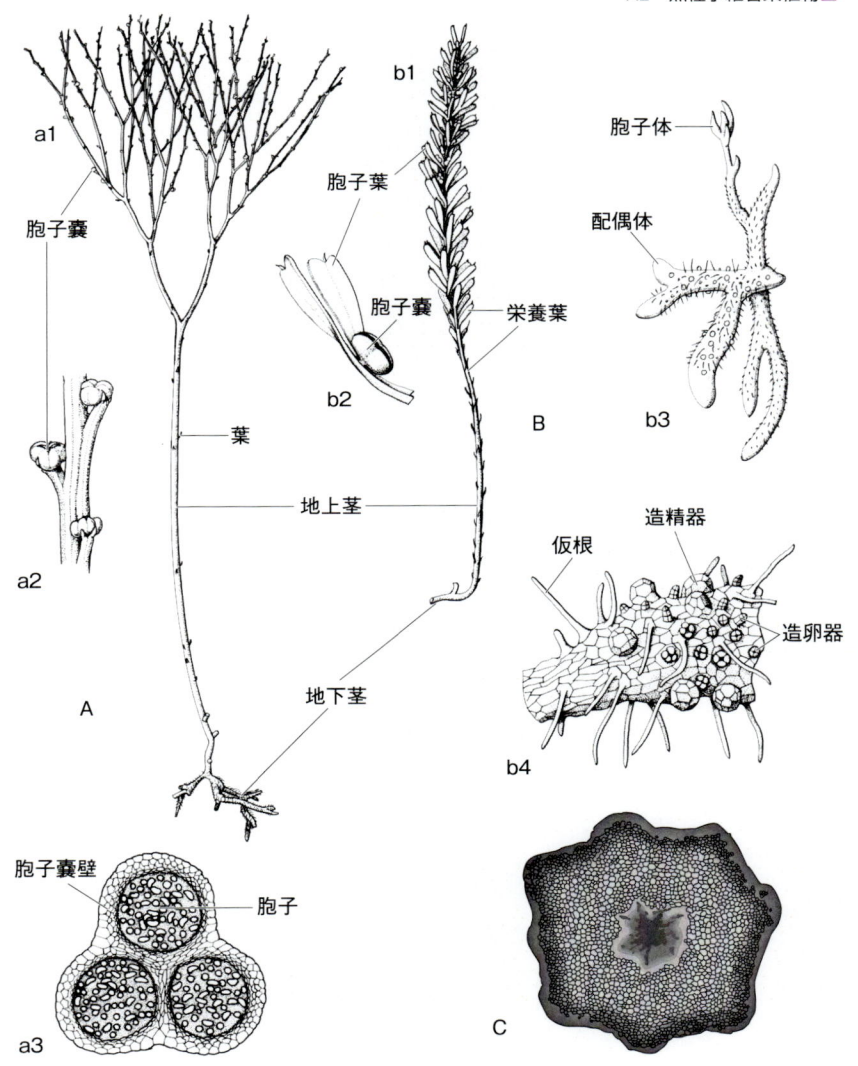

図 7.8 マツバランとイヌナンカクラン
A:マツバラン *P. nudum*，B:イヌナンカクラン属．a1:成熟した胞子体，a2:胞子嚢，a3:胞子嚢横断面，b1, 2:ツメシプテリス・オブランケオラタ *T. oblanceolata*. b1:胞子体，b2:胞子葉，b3:配偶体が付着した若い胞子体，b4:配偶体の一部（A, B:加藤，1997 より：中島作図〔b3, 4:Eames, 1936 を改変〕），C:マツバランの茎の横断面（原生中心柱）

a. マツバラン類

現生のマツバラン類は 1 科で，マツバラン属 *Psilotum* とイヌナンカクラン属 *Tmesipteris* の 2 属からなる小さな植物群である．マツバランは根と葉を欠き，シュートは二又分枝をする（図 7.8）．このような特徴は，リニアな

コラム 7-3
マツバランとイワヒバ：日本の古典園芸植物

　マツバランやイワヒバといったシダ植物はわれわれの生活にはなじみのない植物であるが，実は園芸植物として長い歴史をもっている．日本人（あるいは東洋人）は西洋人とは違った自然観をもっていて，独自の園芸植物を作出してきた．マツバランやイワヒバも江戸時代には，観賞植物として園芸品種が数多くつくられていた．

　松葉蘭（マツバラン）は茎のみの単純な体制であるため，枝ぶりや色，胞子嚢の付き方の変化によりさまざまな品種がつくられてきた．天保7 年発刊の『松葉蘭譜』（長生舎主人）では約 120 の品種があげられている（図 B7-3）．このような品種は野生型からの突然変異により生じたと推測されるので，シュート系の研究上興味深いものが多い．

　巻柏（イワヒバ）も江戸時代から人気のあった園芸植物であり，現代でも多くの愛好家がいる．

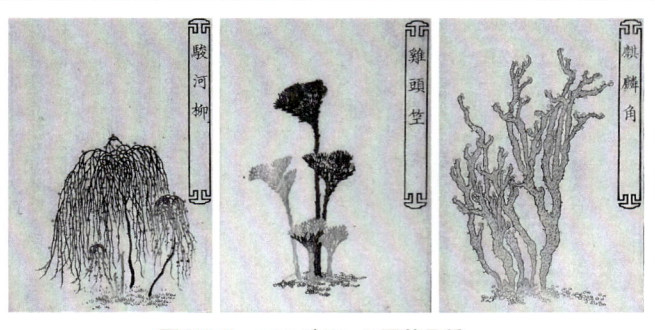

図 B7-3　マツバランの園芸品種

どのいわゆる「古生マツバラン類」と呼ばれる初期の維管束植物化石に形態がよく似ているため，マツバランは「古生マツバラン類」の生き残りと考えられ「生きている化石」と呼ばれていた．しかし一方で，後述のように胞子嚢の付き方などの形態的特徴の差異や，マツバランの祖先と思われる化石が比較的新しい時代からしか出現していないため，シダ植物の葉が退化したものであるという意見もあった．加藤らは，現生と化石のシダ植物の形態を詳細に比較した結果，マツバランはヒカゲノカズラ植物—すなわち小葉類に属すると結論した（加藤，1999）．

系統学的位置について議論のあったマツバランと他の無種子維管束植物の系統関係に決着をつけたのは，前述の葉緑体 DNA の構造解析の研究であった（Raubeson & Jansen, 1992）．その結果，マツバランはコケ植物やヒカゲノカズラ植物（小葉類）とは異なり，シダ類と同様の逆位を共有することが明らかになった．最近の $rbcL$ 遺伝子等の DNA 塩基配列を用いた詳細な分子系統学的解析の結果では，真嚢シダ類に分類されているハナヤスリ類に類縁があることが解明された（Hasebe *et al.*, 1995）．これは，マツバランの祖先において，根や葉が失われたことを意味する．

b. トクサ類

トクサ類は，茎に関節をもち，小型の葉は癒合して関節に鞘状につく，胞子嚢は穂状になるなど，その独特な形態からシダ類とは異なる独自群に分類されることが一般的であった．しかし，陸上植物の分子系統学的解析の結果，トクサ目はシダ目と同じ系統に入ることが明らかになった．

化石証拠から，トクサ類は石炭紀に多様化していたことがわかっている．ある種は 15m もの高さに成長したが，今日では世界中に広く分布するトクサ属 1 属 15 種のみが生き残って湿地や渓流沿いに生育している．トクサ類では根・茎・葉が分化する．茎にははっきりとした節があり，節間の茎は中空である．茎が緑色で，光合成が行われる．種によっては節から細長い三角形（または癒合して「はかま」状）の葉，あるいは中空の枝（さらに分岐することもある）が輪生するものもある．茎の先端に胞子葉が集まって球果様の「胞子穂」を形成し，ここに胞子を生じる（図 7.9）．

■ 7 章　陸上植物の多様性と系統

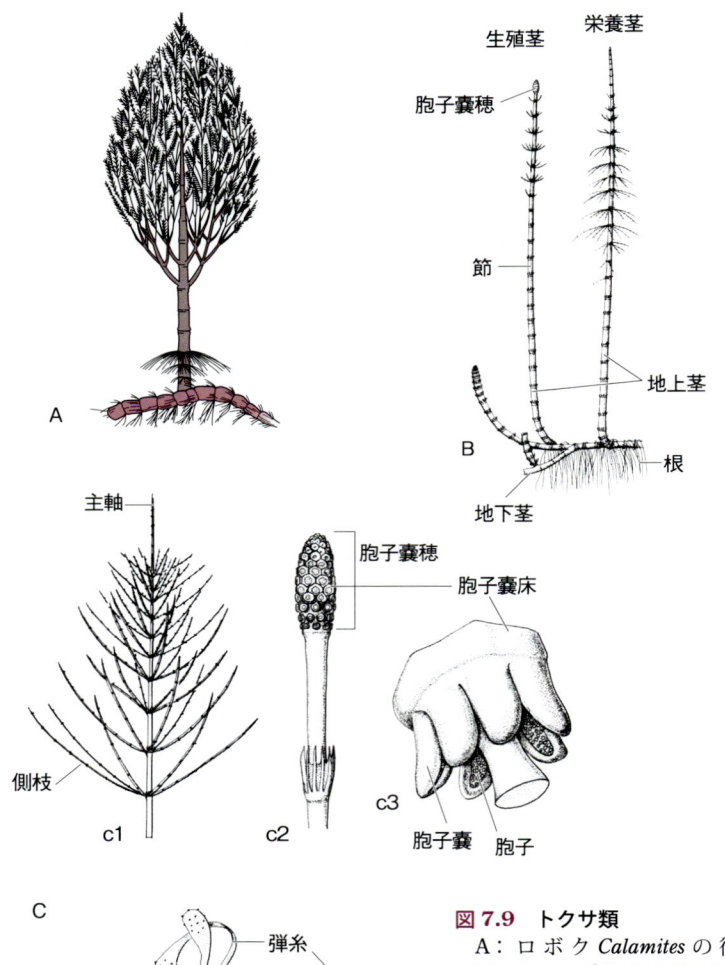

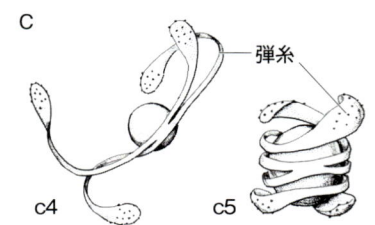

図 7.9　トクサ類
A：ロボク Calamites の復元図．B：ミズドクサ Equisetum limosum 胞子体．C：スギナ E. aruense．c1：地上茎，c2：胞子嚢穂，c3：胞子嚢床，c4：弾糸の伸びたときの胞子，c5：弾糸の巻いたときの胞子．（B, C：加藤，1997 より：中島作図）

コラム 7-4
ツクシとスギナ

　早春の風物詩であるツクシ（土筆）は，スギナの胞子茎である．スギナは，光合成を行う栄養茎と胞子をつくる胞子茎が分化している．両者は地下茎でつながっており，春先にツクシ（胞子茎，図 7.9c2, 口絵②）ができ，その後初夏にはスギナ（栄養茎，図 7.9c1）が出てくる．トクサ類の多くの種は胞子茎と栄養茎に分化しておらず，茎の上に胞子嚢穂をつけ，胞子を放出する．

　スギナの栄養茎は緑色をしていて光合成を行う．また主軸の節には鞘状になった小型の葉が輪生する．栄養茎では葉は小型で観察しにくいが，ツクシ（胞子茎）では葉は比較的大型である．ツクシを食用にするときに除去する「袴」が葉に相当する器官である．

　ツクシの胞子嚢穂を乾燥させるとほこりの様なものがたくさん出てくる．これが胞子である．胞子は球形で，2本の紐状の弾糸が四方に伸びている（図 7.9c4, c5）．弾糸は胞子の放出時に胞子を遠くまで飛ばすはたらきをしている．

c. シダ類：真嚢シダ類と薄嚢シダ類

　古典的な分類体系でシダ類は，胞子嚢の形態により分類されてきた．すなわち，胞子嚢が複数の細胞に由来し，複数の細胞層に包まれる真嚢シダ類と，単独の細胞に由来し，単一の細胞層に包まれた胞子嚢をもつ薄嚢シダ類である．

　真嚢シダ類：古典的な分類体系では真嚢シダ類にはハナヤスリ類，リュウビンタイ類が含まれていた（図 7.10）．実は真嚢性の胞子嚢は，ヒカゲノカズラ植物にも見られる特徴である．このように真嚢性は原始的形質であるため，真嚢性胞子嚢をもつシダ植物をまとめても単系統群にはならないことが推測される．この予測は分子系統解析の結果で支持された．ハナヤスリ類は

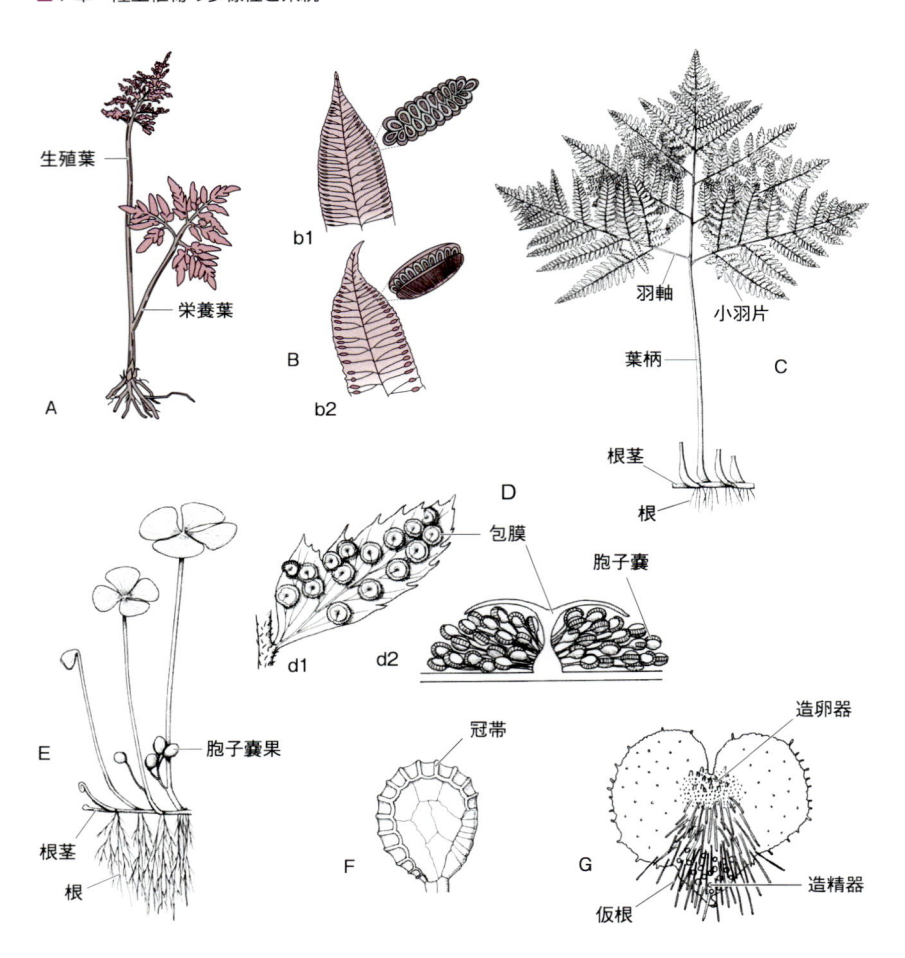

図 7.10 真嚢シダ類と薄嚢シダ類

A：*Botrychium dissectum* var. *obiquum* の胞子体．一つの葉に羽状の生殖部位と栄養部位がある．B：胞子嚢を生じた羽片の背軸面．b1：リュウビンタイ属，b2：リュウビンタイモドキ属．それぞれ，一つの胞子嚢群を拡大．リュウビンタイモドキ属では，胞子嚢ははっきりした単体胞子嚢群を形成する．（羽片は F. O. Bower の *The Ferns*, Vol. II. Cambridge University Press London. 1926 より改図）C：ワラビ胞子体．D：アスカイノデ *Polystichum polyblepharum* var. *fibrilloso-paleaceum*，d1：胞子嚢群をつけた小羽片，d2：胞子嚢群の縦断面．E：デンジソウ胞子体．F：薄嚢（オシダ属 *Dryopteris*）．G：成熟した配偶体（カナワラビ属 *Arachniodes*）．（C-G：加藤，1997 より：中島作図）

トクサ類と単系統群をつくり，この両者の後にリュウビンタイ類が分岐するという系統樹が支持されている（Hasebe *et al.*, 1995）．従来の真嚢シダ類は多系統群であることがわかってきた（図 7.5 を参照）．

薄嚢シダ類：薄嚢シダ類は無種子維管束植物の中で，現在もっとも広く分布している植物群であり，12000 種以上が知られている．多様性の中心は熱帯にあるが，たくさんのシダ類が温帯林にも繁殖していて，ある種は乾燥した場所にも適応している（図 7.10）．

前述のように古典的な意味での真嚢シダ類は多系統群であるが，薄嚢性は新規形質であり，薄嚢シダ類は単系統群である．薄嚢シダ類内の系統関係はすべての科を網羅した分子系統学的解析が行われ，現在ではその概要が明らかになっている（Wolf *et al.*, 1998）．ここでは詳しくは見ていかないが，現生薄嚢シダ類の最初の分岐群はゼンマイ科である（図 7.5 を参照）．

7.3　裸子植物

種子をつくるようになった植物の中で，胚珠が心皮で包まれず，花粉などが直接胚珠にたどり着くことができる植物群を裸子植物と呼ぶ．裸子植物は中生代を中心に多様化し繁栄した植物群であるが，現代にも数多くの種が生育していて，亜寒帯の針葉樹林など，場所によっては植生の優占種となっている．

7.3.1　裸子植物の分類

現生の裸子植物群は，以下に見て行くようにソテツ植物門，イチョウ植物門，グネツム植物門，球果植物門の 4 群に分類されている．裸子植物には現生のもの以外にも化石としてのみ知られている絶滅した植物群が多数知られている．絶滅種を含めた裸子植物は，種子植物の中から被子植物を除いた植物群であるため側系統群である．

a.　ソテツ植物門 Cycadophyta

ソテツ植物門は現生の裸子植物の中で球果植物門に次いで大きな群であり，大きな胞子葉穂とヤシに似た葉をもつ（本物のヤシは被子植物）．今日では約 130 種のみが現生する（図 7.11，口絵①）．

■ 7章　陸上植物の多様性と系統

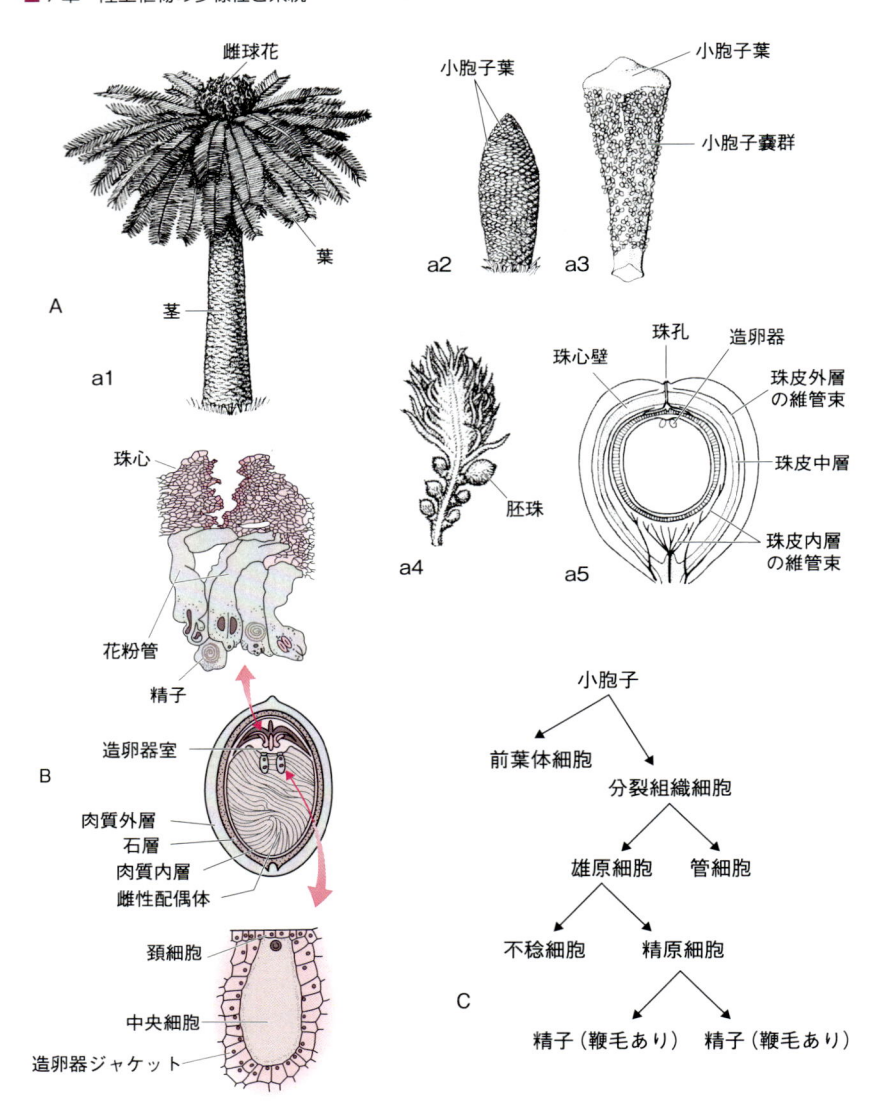

図 7.11　ソテツ類

A：ソテツ *Cycas revoluta*. a1：全形, a2：雄球花, a3：小胞子葉（裏面）, a4：大胞子葉, a5：胚珠（ソテツ属キカス・キルキナリス *C. circinalis*）縦断面. B：雄性配偶体. C：雄性配偶子の形成.（A：西田, 1997 より；中島作図〔a5：Kramer & Green, 1990 を改変〕）

茎：ソテツ類の茎は塊状かあるいは円柱状になり，上部に葉を付ける．一次維管束は真正中心柱であるが，維管束環は細く，厚い髄と皮層をもつ．維管束は形成層をもち，二次肥大成長をするが，球果類に比べて少量である．

葉：被子植物のヤシに似た羽状葉をもち，長さ 1m 以上になる種もある．

雌性生殖器官と雌性配偶体：ソテツ類はすべて雌雄異株である．ソテツ類の大胞子葉は，ザミア属に見られるような盾状の鱗片状で胚珠を 2 個付けるものから，ソテツ属に見られるような羽状葉に似た形態で 4 個以上の胚珠を付けるものまで多様である．胚珠は比較的大型で，1 枚の珠皮をもつ．

大胞子は，大胞子母細胞から生じて上部の 3 個は退化し，最下部の 1 細胞のみが雌性配偶体に発達する．造卵器は雄性配偶体の珠孔側にある数個の表面細胞が造卵器始原細胞として分化する．造卵器始原細胞は垂直方向に分裂し，上方の第一首細胞と下方の中心細胞に分かれる．第一首細胞（primary neck cell）は垂層分裂により 2 個の首細胞（neck cell）に分かれる．大型の中心細胞には受精直前に核の有糸分裂が起こり，大型の卵細胞核と小型の腹溝細胞核（ventral canal-cell nucleus）がつくられる（図 7.11B）．腹溝細胞核は造卵器の頸部に残るが，やがて消滅する．

雄性生殖器官と雄性配偶体：ソテツ類の小胞子囊穂は，基本的には鱗片状構造の背軸側に多数の小胞子囊を付ける．胞子囊内では，小胞子母細胞の減数分裂により花粉が形成される．ソテツ類の花粉は長楕円形の単溝粒である．花粉は風媒または虫媒で，胚珠の珠孔の先に分泌された受粉滴に付着して，この受粉滴が花粉ともども，胚珠内に引き込まれて胚珠の内部に入る．実際の受精はこの受粉の 4〜6 か月後に起こる（Chamberlain, 1935）．

胞子囊内でつくられた花粉は最初は 1 細胞性であるが，その後の有糸分裂により前葉体細胞と造精器始原細胞に分かれる．造精器始原細胞は雄原細胞と花粉管細胞に分かれ，花粉は 3 細胞性となり胞子囊から放出される．その後の雄性配偶体の発達は，胚珠内の花粉室で行われる．すなわち，雄原細胞は不稔細胞と精原細胞に分裂し，精原細胞はさらに分裂して 2 個の精子を形成する（図 7.11C）．

精子は球形で多数の鞭毛をもつ．ソテツとイチョウは他の種子植物と異な

り，精子をつくる．花粉室内で花粉管が破れて精子が放出され，鞭毛を用いて自力で卵細胞まで移動する．花粉室内で複数の精子が放出されるが，受精後，胚に発達するのはこの中で1つのみである．

b. イチョウ植物門 Ginkgophyta

イチョウはこの門の唯一の現生種である．ソテツ類とともに雄性配偶子として自由運動可能な精子を形成することが特徴である（図7.12）．

茎と葉：イチョウは本格的な木本性の植物である．茎は真正中心柱をもち，形成層の活動は活発で発達した二次木部を形成する．イチョウの葉は扇形で，葉脈は基本的に二又分枝状である．

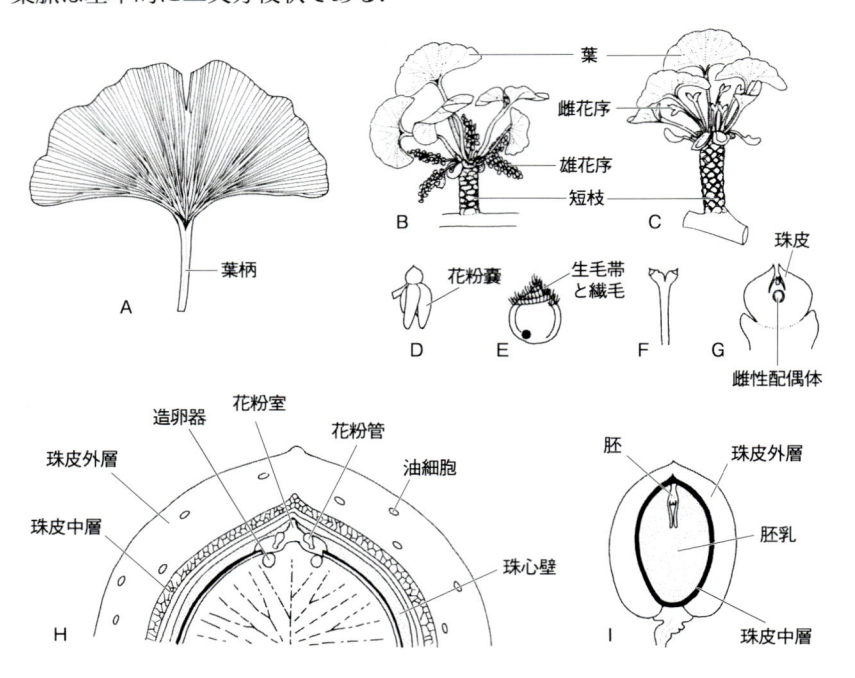

図7.12 イチョウ類
イチョウ *Ginkgo biloba*. A：葉，B：雄花序をつけた短枝，C：雌花序をつけた短枝，D：小胞子葉，E：精子，F：大胞子葉，G：胚珠，H：珠孔付近の構造，I：成熟途中の種子（西田，1997より：中島作図〔D, F：Kramer & Green, 1990；E, H：Sporne, 1965；G, I：Coulter & Chamberlain, 1910 を改変〕）

コラム 7-5
イチョウとソテツの精子の発見

裸子植物の雄性配偶子は花粉により運ばれる．球果類やグネツム類では花粉粒から花粉管をのばして胚嚢まで雄性配偶子が運ばれる．これに対し，イチョウ類やソテツ類は，花粉管から精子が放出されて受精が行われる．

イチョウの精子は，1896 年に平瀬作五郎により発見された．東京帝国大学（現在の東京大学），植物学教室の助手であった平瀬は，イチョウの雌性生殖器官（いわゆるぎんなん）の内部に生物らしきものを発見した．平瀬は，最初は寄生虫と考えたが，当時助教授であった池野成一郎に見せたところ，池野は精子であると直感した．その後のさらなる観察でこの「精子」が花粉管より出て動き回ることを確認し，1896 年 10 月 20 日に発行された植物学雑誌第 10 巻第 116 号に「いてふノ精虫ニ就テ」という論文を発表した．

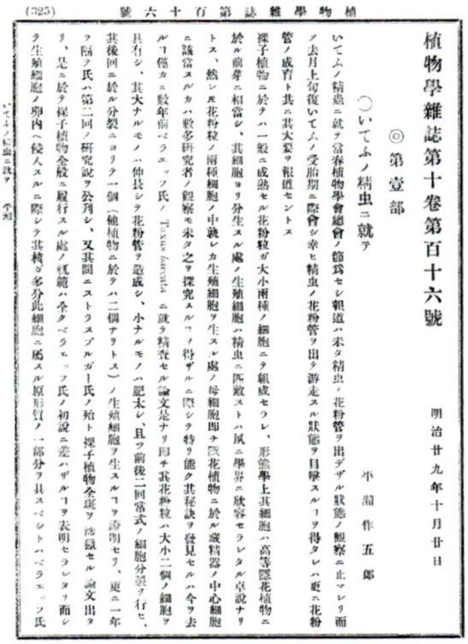
(325)　植物學雜誌第百十六號

植物學雜誌第十卷第百十六號　明治廿九年十月廿日

◎第壹部

○いてふノ精虫ニ就テ　平瀬作五郎

いてふノ精虫ニ就テ當春植物學會總會ノ節爲セシ報道ハ未タ精虫ノ花粉管ヲ出デザル狀態ノ觀察ニ止マレリ而ノ去月上旬復いてふノ受胎期ニ際會シ幸ヒ精虫ノ花粉管ヲ出テ游走スル狀態ヲ目擊スルコヲ得タレハ更ニ花粉管ノ成育ト共ニ其大要ヲ報道セントス

裸子植物ニ於テハ一般ニ成熟セル花粉粒ガ大小兩種ノ細胞ニテ組成セラレ、形態學上其細胞ハ高等隱花植物ニ於ル前身ニ相當シ、其細胞ヨリ分生スル處ノ生殖細胞ハ精虫ニ匹敵ストハ夙ニ學界ニ欣容セラレタル卓說ナリトス、然シ乍花粉粒ノ兩種細胞ノ中孰レカ生殖細胞ヲ生スル處ノ母細胞即チ隱花植物ニ於ル藏精器ノ中心細胞ニ該當スルカハ數多研究者ノ觀察モ未タ之ヲ探究スルコノ得ザルニ際シテ特リ能ク其秘訣ヲ發見セルハ今ヲ去ルコ僅カニ數年前ベラエッフ氏ノ *Taxus baccata* ニ就テ精査セル論文是ナリ即チ其花粉粒ハ大小二個ノ細胞ヲ具有シ、其大ナルモノハ伸長シテ花粉管ヲ造成シ、小ナルモノハ肥太シ、且ツ前後二回常式ノ細胞分裂ヲ行セ、其後回ニ於ル分裂ニヨリテ一個（他植物ニ於テハ二個ナリトス）ノ生殖細胞ヲ生スルコヲ證明セリ、更ニ一年ヲ隔テ氏ハ第二回ノ研究說ヲ公刊シ、又其間ニストラスブルガー氏ノ殆ト裸子植物全班ヲ涉獵セル論文出タリ、是ニ於テ裸子植物全般ニ履行スル處ノ狀態ハ全クベラエッフ氏ノ初說ニ差ハザルコヲ表明セラレタリ而シテ生殖細胞ノ卵內ヘ侵入スルニ際シテ其核ガ多分此細胞ニ屬スル原形質ノ一部分ヲ具スベシトハベラエッフ氏

いてふノ精虫ニ就テ　平瀬

図 B7-5　イチョウの精子発見の論文
（植物学雑誌 第 10 巻）

雌性生殖器官：イチョウは雌雄異株であり，生殖器官は短枝上につく．イチョウの雌性生殖器官は，柄の先端に通常2個の胚珠がつくという構造である．胚珠は柄の先端の襟と呼ばれる構造に囲まれているが，ほぼむき出しの状態である．胚珠は一枚の肉厚の珠皮が珠心を包み込んでいて，珠皮は肉質外層，硬い石層，肉質内層の3層構造になっている．

イチョウの雌性配偶体はソテツに類似し，遊離核分裂による多核性段階を経て，細胞壁が発達した多細胞段階になる．

造卵器は通常2個つくられるが，1から5個までの変異がある．造卵器の形成過程はソテツに似ている．始原細胞は珠孔側の表皮細胞であり，並層分裂により中央細胞と第一次首細胞ができ，第一次首細胞はすぐに垂直分裂をして2個の首細胞となる．

雄性生殖器官：イチョウの雄性生殖器官も短枝の葉腋に大胞子嚢穂として形成される．軸上に多数の付属体がつき，各付属帯は通常2個の小胞子嚢を先端に付ける．小胞子嚢中の小胞子母細胞が分裂し，4分子の小胞子（n）をつくる．

雌性配偶体はソテツに似ていて花粉散布時には生殖細胞，花粉管細胞，2個の前葉体細胞という4細胞性の構造を取る．花粉が風で胚珠まで運ばれると，珠孔にできた受粉滴に付着して胚珠の内部に運ばれる．生殖細胞は不稔細胞と精原細胞に分裂し，精原細胞は更なる分裂で2個の精子となる．花粉は枝分かれする花粉管を伸ばし，この花粉管は吸器としてはたらく．

イチョウの受精は9月であり，4月の受粉から長時間を要する．通常，1個の精子のみが造卵器に入り，卵細胞と受精する．

c. グネツム植物門 Gnetophyta

現生のグネツム植物門の植物はグネツム属，マオウ属とウェルウィッチア属の3群からなる．これらの3群は形態的や生育環境も大きく異なるが，分子系統学的解析では単系統群を形成することが明らかになっている（Hasebe *et al*., 1987）．

ウェルウィッチア属 *Welwitschia*

ウェルウィッチア属はアフリカのナミブ砂漠のみに生育するウェルウィッ

図 7.13　ウェルウィッチア・ミラビリス
ウェルウィッチアはアフリカのナミブ砂漠のみに生育している．（写真提供：細川健太郎氏）

チア・ミラビリス *Welwitschia mirabilis* 1種のみからなる．葉は生涯2枚のみで，無限成長をするため奇妙な形態となり，「奇想天外」という和名が付けられている（図7.13，口絵②）．

グネツム属 *Gnetum*

グネツム属はおもにアフリカからアジアの熱帯に生育する低木あるいはつる植物であり約35種ある．グネツム属植物の葉は網状脈をもち，一見，被子植物の双子葉植物の葉に見える．また，種子も果実のように見える（図7.14A）．

マオウ属 *Ephedra*

マオウ属は約40種からなり，おもに乾燥地帯に生育する低木である．英名をモルモン・ティー（Mormon tea）といい，うっ血薬として用いられるエフェドリン化合物を生産する（図7.14B）．

グネツム植物門の特徴：被子植物との類似と相違

グネツム類は，他の裸子植物に見られない，一見，被子植物と類似した特徴をもつ．以下にそれらの特徴を見ていく．

茎頂：グネツム属とマオウ属の茎頂は被子植物と同様に外衣と呼ばれる表

■ 7章　陸上植物の多様性と系統

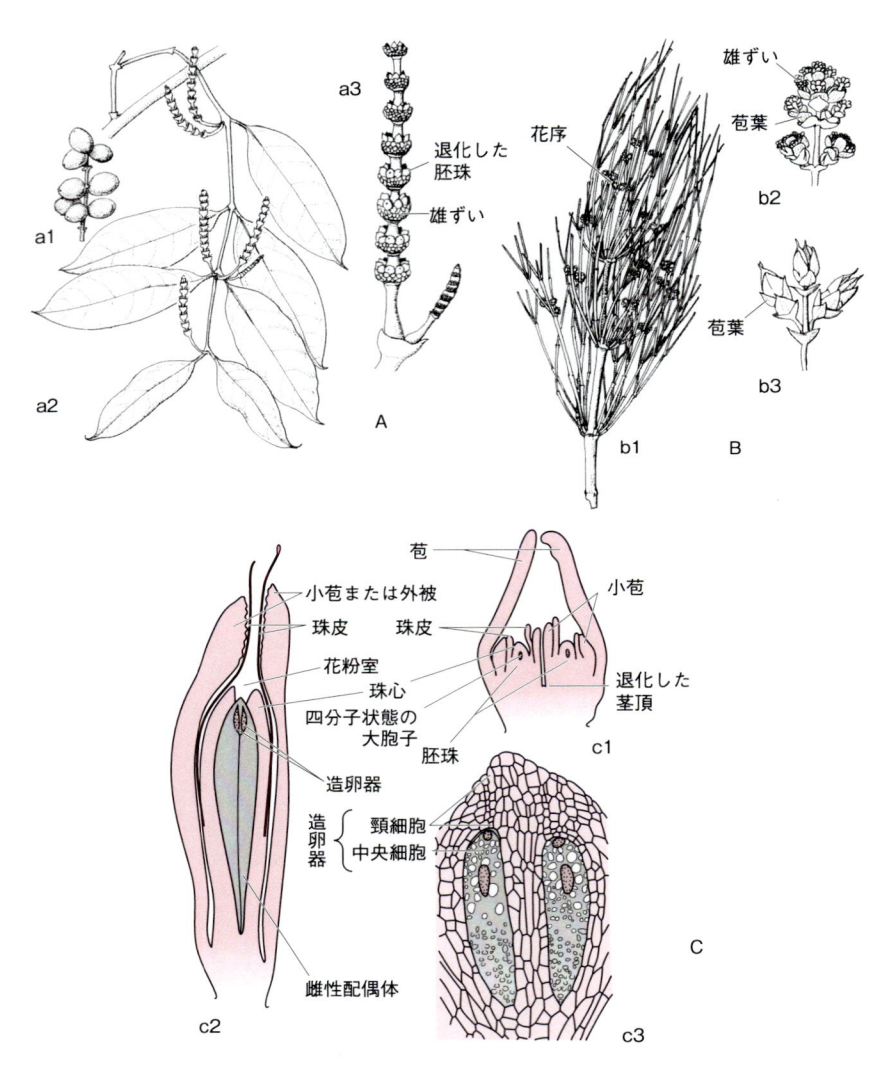

図 7.14　グネツムとマオウ

グネツム綱　A：グネツム・グネモン *Gnetum gnemon*．a1：種子，a2：枝，a3：退化した胚珠をつけた雄花序（右下は若いもの）．B-C：マオウ属．B：*Ephedra distachya*．b1：枝，b2：雄花序，b3：雌花序．C：*Ephedora foliate*．c1：大胞子嚢穂の縦断面，c2：胚珠の縦断面，c3：雌性配偶体の珠孔付近．（西田，1997より：中島作図〔a3，b1〜3：Kramer & Green, 1990を改変〕）

皮層をもつが，1細胞層のみであり，通常2細胞層の外衣をもつ被子植物とは異なる．このような茎頂構造は，他の裸子植物と被子植物を結ぶ中間段階であるという説も出されていたが，現生の被子植物の系統関係を考慮すると，収斂(れん)の結果であると判断されている．グネツム類の外衣では並層分裂はまれで，茎の成長はもっぱら外衣の下の細胞群の分裂により起こる．

　ウェルウィッチア属では，実生時の茎頂の構造は他のグネツム類と同様の構造であるが，1対の葉原基と1対の鱗状体という付属器官を形成した後に分裂活性を失う．そのため，一生の間に形成する葉は2枚だけであり，成長は葉基部の分裂組織による葉の伸張のみになる．

　道管：グネツム植物門の植物は通道組織に道管をもつことが知られている．道管については被子植物の章で詳しくふれるが，グネツム植物門の道管についてここで簡単に説明しておく．道管と仮道管の差異は，通道組織をつくる管状要素間の接着部に，一次細胞壁が存在するかどうかである．マオウ属では有縁多孔穿孔が見られるが，仮道管の有縁壁孔との間の移行形が観察されている．また，グネツム属の道管は通常は管状あるいは楕円形の単穿孔をもつが，このような形態は被子植物ではより派生的な群に見られるものである．このようなことから，グネツム植物門の道管は茎頂の形態と同様に，被子植物との類縁を示すものではなく，収斂の結果と考えられている．

　生殖器官：他の裸子植物群に比べ，グネツム植物門内での生殖様式や生殖器官の形態は多様である．ここではマオウ属を代表として見ていく．

　マオウ属の雌雄の生殖器官は，他の裸子植物よりも複雑な構造をしている．小胞子球果には多数の苞(ほう)があり，その腋(えき)に小胞子嚢穂がつく．大胞子球果では，ほとんどの苞は不稔で上部の2枚の葉腋に1個ずつ，合計2個の胚珠を付ける．胚珠は1枚の珠皮をもつが，その外側にある外被と呼ばれる構造により覆われている．珠皮の先は外被より長く伸び，珠孔管を形成し，受粉時に花粉を受ける役割をする．胚珠は2枚の構造で覆われるため，一見，被子植物と同様に2枚の珠皮をもつように見える．外側の外皮についてはさまざまな議論がされているが，小苞の癒合したものと解釈されている．

　重複受精：5章で見たように，重複受精は被子植物の特徴である．しかし

マオウ属では，古くから「重複受精」の報告がある．フリードマンはマオウ属植物の受精について詳細な観察を行い，重複受精は規則的に起こること，腹溝核と精核との受精核はDNAの増加を伴い，被子植物の重複受精のような初期発生を示すことを報告している（Friedman, 1990；1992）．この結果から，マオウ属にみられる重複受精は被子植物と相同な現象と主張した．しかし，最終的には何も残らず，また，同様な現象は針葉樹やソテツ類でも報告があるので，被子植物の重複受精とは区別する必要があるという意見もある（戸部，1994）．後で述べるように，分子系統学的解析から現生裸子植物は単系統群であり，被子植物はグネツム類と近縁ではないため，マオウ属と被子植物の重複受精の相同性は無理があると思われる．

d. 球果植物門 Pinophyta

現生の球果植物門は裸子植物の門の中でもっとも多様化している群であり，約600種からなる．また多くの種は大木になり，しばしば広範囲の森林で優占種となるのでなじみ深い植物群である．

生殖器官：球果植物門の植物の一般的な特徴は，生殖器官が大胞子嚢穂と

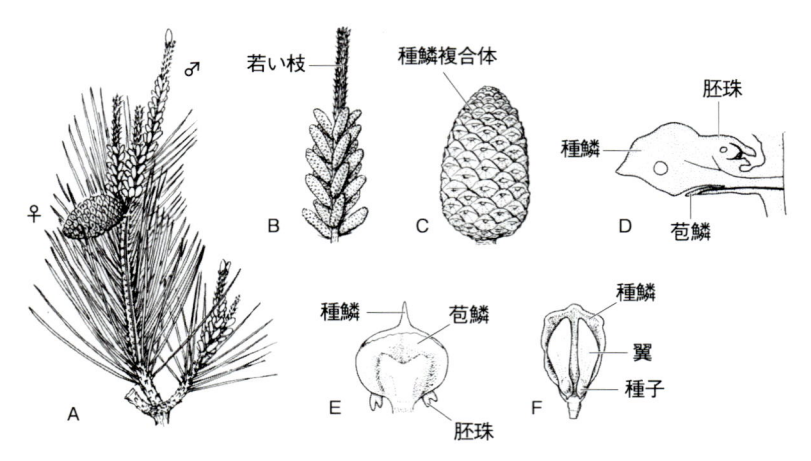

図7.15　球果類
球果綱　アカマツ *Pinus densiflora*．A：枝，B：雄球果，C：種子散布前の球果，D：雌球果の基本構造（マツ属），E：種鱗複合体（背軸側），F：種子が成熟した状態の種鱗複合体（向軸側）（西田，1997より：中島作図〔D：Stewart & Rothwell, 1993を改変〕）

小胞子嚢穂の 2 種類の複合器官をつくることである（図 7.15）（詳しい特徴は裸子植物の生活環のところでマツを例に紹介した [p.61] ので参照のこと）.

小胞子嚢穂は小型であり, 花粉をつくる小胞子葉が集合したものである（口絵②）. その名前のように, 球果植物の大胞子嚢穂は球果となる. 現生の裸子植物の球果は, 胚珠が直接ついている種鱗と種鱗の背軸側に癒合した苞鱗という単位の構造が, 軸上に多数配列した複合胞子嚢穂である（図 7.15）.

複合胞子嚢穂である球果は, どのような進化過程を経てつくられたのであろうか？ 球果の進化過程については, フローリンにより, 多くの化石証拠に基づいた考察がされている（Florin, 1951）. フローリンの仮説では, 種鱗は苞鱗の葉腋についた極端に圧縮された生殖枝であるという解釈がされている. 以下にフローリンの仮説で重要な絶滅裸子植物群について紹介し, 球果形成のシナリオについて説明する.

コルダイテス類

球果植物につながると考えられる植物化石で最古のものは, 石炭紀中期からペルム紀にかけて繁栄したコルダイテス類であると考えられている. コルダイテス類は真正中心柱をもち, 二次肥大成長して 30 m 以上にもなる木本植物であり, 現生の球果植物と同様な特徴をもっている. コルダイテス類の葉は長楕円形で二又分枝する脈が平行に走り, 長いものでは 1 m にもなる（図 7.16）.

雄雌の生殖器官は, それぞれがらせん状に配置する生殖枝を形成し, 苞に囲まれた枝の葉腋につく. 各生殖枝の下部の鱗片は不稔であり, 上部の鱗片のみが胚珠あるいは小胞子

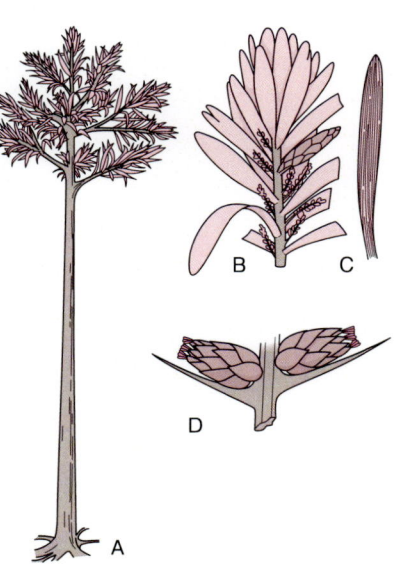

図 7.16 コルダイテスの復元図
A：植物全体の復元図, B：生殖枝をもつシュート, C：葉, D：コルダイアンサス・コンキヌスの生殖枝（A：Scott, 1920；B, C：Stewart, 1983；D：Deleveryas, 1953 より改図）

嚢を付ける．

ボルチア目

石炭紀後期からペルム紀にかけて生育していたボルチア目の植物であるレバキアの雌性球果は，苞の腋に生じる生殖枝が多数の鱗片をつけ，その上部に1～2個の胚珠を生じる（図7.17）．エリネスティオデンドロンでは苞の腋に多数の胚珠が生じ，鱗片葉はつかない．フローリンはこれらの構造を種鱗複合体と名づけ，球果植物の大胞子嚢穂の基本的な構造と考えた．また，このような構造はコルダイテス類の雌性の生殖枝から進化したという考えを示した．レバキアなどより新しい時代のペルム紀から三畳紀の地層から発見された化石の種鱗複合体の構造はさらに単純化しており，プセウドボルチア Pseudovoltzia やボルチア Voltzia では部分的に癒合した5枚の鱗片と2～3個の胚珠からなり，種鱗は背軸側にある苞鱗と癒合している．このような種鱗複合体がさらに単純化して現生の球果植物の複合胞子嚢穂が生じたと考えられている．

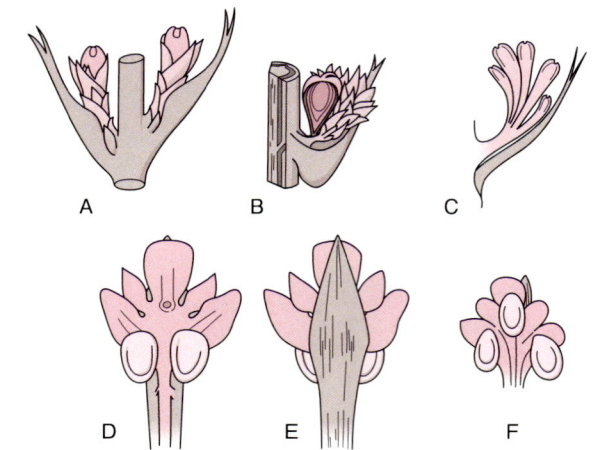

図 7.17　ボルチア目の復元図
A-C：若い雌性球果（石炭紀後期からペルム紀），D-F：苞鱗・種鱗複合体（ペルム紀から三畳紀）
A：レバキア・ピニフォルミス，B：レバキア・ロカルディ，C：エルメスチオデンドロン，D：プセウドボルチア（向軸側），E：同（背軸側），F：ボルチア sp.（向軸側）．
(A, C, D-E：Schweitzer, 1963 より改図，B：Mapes & Rothwell, 1984 より改図)

e. 絶滅した裸子植物

裸子植物にはすでに絶滅してしまった系統群が数多く知られている．これらのなかから種子植物の進化を考える際に重要な植物群を紹介する．

キカデオイデア類

ベネチテス目（Bennettitales，キカデオイデア目ともいう）は化石裸子植物の一群で，中生代三畳紀から白亜紀の終わりまで見られた．太い幹，羽状複葉と茎の先につく生殖器官を特徴とし，見かけは現生のソテツ類に似ている．なお，命名の基になったベネチテス *Bennettites* は葉の化石に，キカデオイデア *Cycadeoidaea* は幹と生殖器官の化石に対して当初付けられた属名で，両者は後から同じものであることがわかった．

ベネチテス目はキカデオイデア科 Cycadeoidaceae とウィリアムソニア科 Williamsoniaceae の２群に分けられる．キカデオイデア科は幹が太く，生殖器官は両性の胞子葉穂をつくり，茎の先に雌性胞子葉，根元に雄性胞子葉が配置する．ウィリアムソニア科は幹がやや細く，分枝し，生殖器官は雌雄別になっている（図 7.18）．

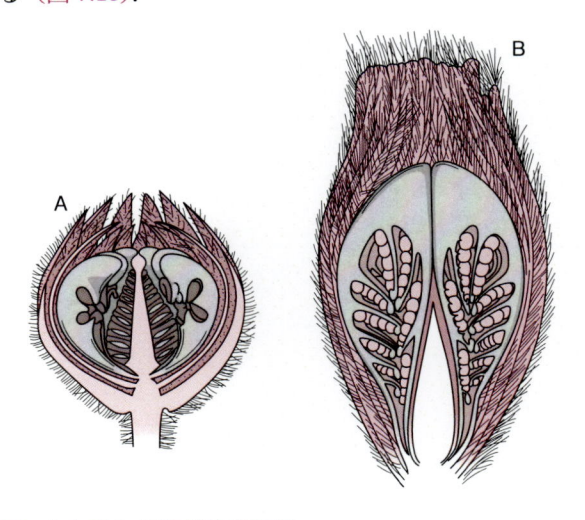

図 7.18　キカデオイデア類の復元図
A：ウィリアムソニア・コルダータの生殖穂，B：キカデオイデアの生殖穂．被子植物の花のように小胞子葉と大胞子葉が１つの軸につく．

■ 7章　陸上植物の多様性と系統

　キカデオイデア科の胞子葉穂は，被子植物の花と同様に両性をもつ構造であり，花の起源を考える上で興味深いものである．しかし，雄雌の生殖器官の詳細な構造を比較すると両者は相同ではなく，直接の関係はない．

グロッソプテリス類

　グロッソプテリス類は古生代ペルム紀に栄えた裸子植物で，湿地に生えていたと考えられている．舌のような形の大きな葉が特徴（グロッソプテリス *Glossopteris* は，「舌状の葉」という意味）で，葉と向き合うように生殖器官がついていた（図 7.19）．この生殖器官の構造は前述のように，被子植物の花の起源を考える上で重要である（図 5.18 参照）

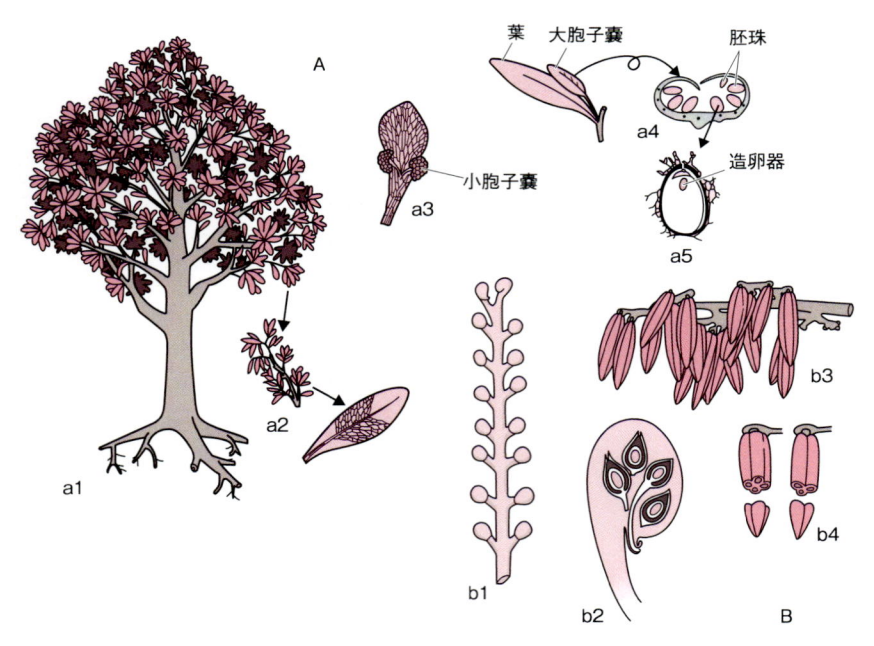

図 7.19　グロッソプテリス類とカイトニア類の復元図
　A：グロッソプテリス．a1：全体図，a2：栄養葉，a3：小胞子葉，a4：大胞子葉，a5：雌性配偶体．B：カイトニア目の生殖器官の構造．b1：2 列の椀状体をもつ *Caytonia nathorsti* の大胞子葉．b2：*Caytonia thomasi* の椀状体の断面図．胚珠の位置を示す．b3, b4：*Caytonia kochi*，小胞子葉の一部（A：Thomas, 1925 より改図．b1, b2：Harris, 1933 より改図．b3, b4：Andrews, 1961 より改図）

7.3 裸子植物

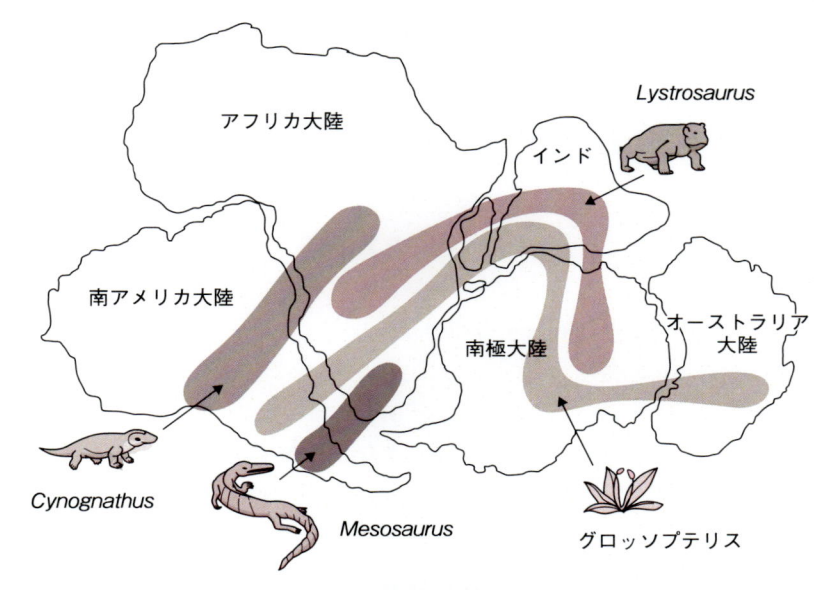

図 7.20 ゴンドワナ大陸と生物の隔離分布
グロッソプテリス類の化石は，現在の南半球の大陸とインドから産出する．これらの大陸は，三畳紀にはゴンドワナ大陸を形成していて陸続きであった．同じような分布は動物化石にも見られる．

　グロッソプテリス類はゴンドワナ植物として有名な絶滅裸子植物群である．グロッソプテリスの化石のほとんどは南半球の4大陸とインド亜大陸で発見されている．これらの大陸はペルム紀には超大陸ゴンドワナをつくっていたと考えられており，ペルム紀に栄えた化石植物グロッソプテリスの分布は大陸移動説の重要な証拠とされた．グロッソプテリスのようにゴンドワナ大陸で起源して，現在の南半球の大陸に隔離分布する植物はゴンドワナ植物と呼ばれる．
　グロッソプテリスや三畳紀に棲息していた陸棲の哺乳類型爬虫類の *Cynognathus* や *Lystrosaurus* の化石は，現在の南半球の大陸とインド亜大陸から産出しており，当時は陸続きであったことが推測されている（図7.20）．

カイトニア類
　カイトニア類は，三畳紀に出現し白亜紀まで，ローラシア大陸に分布して

■ 7章　陸上植物の多様性と系統

いた，シダ種子植物の一群である．低木で掌状の複葉をもっていた．

カイトニア *Caytonia* は，雌性生殖器官の構造が注目を浴びている．カイトニアの胚珠は 2 枚の珠皮をもつ．そしてその胚珠 8 〜 30 個が杯状構造体に包み込まれている（図 7.19B）．このような雌性生殖器官の構造から被子植物の胚珠と心皮との関連性が指摘されている．

5 章の外珠皮と心皮の進化の項で述べたように，実際，いくつかの系統解析においてカイトニアは被子植物の姉妹群とされている（たとえば Soltis *et al*., 2005；Doyle, 2006；Graham & Iles, 2009）．

7.3.2　裸子植物の系統

この節で見てきたように，現生の裸子植物 4 目は形態的に大きく異なっている．被子植物が裸子植物から進化してきたことには疑いはないが，現生の裸子植物や絶滅群の中で，被子植物にもっとも近縁な祖先群は何であるかについては長く議論が続けられてきた．

前述のような形態的および解剖学的特徴—道管の存在，胚珠を取り囲む構造や網状脈の葉などから，グネツム類が被子植物と近縁であるという説が出されていた．しかし，グネツム類の道管や胚珠の外側の構造は被子植物の道

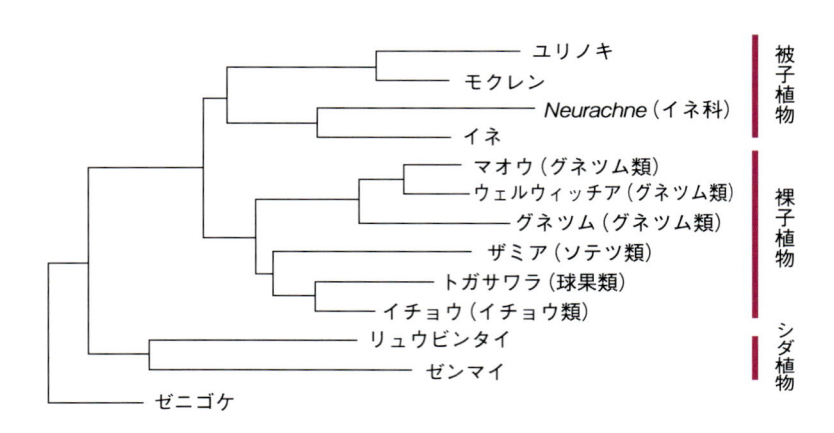

図 7.21　*rbcL* 遺伝子による種子植物の分子系統樹
（Hasebe *et al*., 1992a）

管や外珠皮とは異なった特徴をもち，起源の異なるものであるという意見も出されていた．

　形態的特徴は相同性の解釈が難しく，なかなか結論に至らないことが多いが，この議論に終止符を打ったのは分子情報を用いた解析であった．現生裸子植物と被子植物の系統関係を最初に明らかにしたのは *rbcL* 遺伝子を用いた分子系統学的解析である(図7.21)．その結果，現生の被子植物，裸子植物は，それぞれが単系統群になることが支持された（Hasebe *et al.*, 1992a）．また，形態的に多様なグネツム群の3属は単系統になることも示された（Hasebe *et al.*, 1992b）．

　その後，異なった遺伝子や複数の遺伝子の情報を用いた裸子植物の系統学的研究が数多く行われたが，現生裸子植物の単系統性はほとんどの研究で支持されている（たとえば Chaw *et al.*, 2000）．

7.4　被子植物

7.4.1　被子植物の系統

　前章で見てきたように，花がどのように起源し，その時どのような形態であったかについては，まだ最終的な結論を得るにはいたっていない．しかしその一方で，現生の被子植物の系統関係の概要は明らかになってきた．20世紀の終わりから多数行われた複数の遺伝子配列を用いた大規模な分子系統学的解析では，現生の被子植物のほとんどの科が網羅され，相互の系統関係が理解されるようになってきた（Solits *et al.*, 1999）．今日でも対象植物数や遺伝子数を増やしてより詳細な解析が行われてきているが，被子植物内の系統関係の大枠はほとんど変わっていない（Jansen *et al.*, 2007）．

　被子植物の大規模系統解析で明らかになった系統関係は：

　1．現生被子植物のもっとも基部の分岐はアンボレラ（アンボレラ科）であり，スイレンの仲間が次の分岐である．

　2．多くの双子葉植物から成る真正双子葉植物が認識された．この群は三溝性の花粉をもつことで特徴づけられる．一方，単子葉植物と真正双子葉植物以外の双子葉植物は基本的に発芽溝が1つの単孔粒をもつ（図5.5を参照）．

3. 真正双子葉植物の系統は大まかにバラ類 Rosids とキク類 Asterids に分けられる.

4. 単子葉植物はいわゆる基部被子植物群中の1つの枝であり, 真正双子葉植物が出現する前に分岐している.

などである.

そのほかにも, これまで系統関係が不明であった植物群の系統的位置の決定や, 伝統的な科の概念内にはさまざまな系統を含むことが明らかになり, いくつかの科に細分するなどの変更が行われた（たとえばユキノシタ科やユリ科）.

以下に被子植物の系統について詳細に見ていく.

7.4.2 基部被子植物

a. 現生被子植物の最初の分岐

現生の被子植物のなかで, もっとも原始的な植物[*7-2]は何か？　この疑問については, さまざまな説が出されていた. たとえば花の比較形態学的研究からは, 道管をもたず, 葉が閉じたような形態の心皮をもつシキミモドキ科などがもっとも原始的な群とされてきた (図 5.15D).

遺伝子の塩基配列を用いた分子系統学的解析が行えるようになり, 初期に行われた被子植物全体をカバーする系統解析は, $rbcL$ 遺伝子（RuBisCO タンパク質の大サブユニットをコードする遺伝子）を用いたものであった (Chase $et\ al.$, 1993). この解析結果ではマツモ（マツモ科）が最初に分岐した植物であるという結果になった (図 7.22). マツモは水生植物で, 植物体や花は単純化した構造をしている. その後に行われた他の遺伝子を用いた解析や複数遺伝子を使用しての解析では, マツモがもっとも基部で分岐する系統樹は棄却されている (Soltis $et\ al.$, 1999). おそらく, $rbcL$ 遺伝子において, 水生植物で光合成活性に関して特定の選択圧が働いているために, 間違った系統樹が選択されたと思われる.

[*7-2] 分子系統学的解析でわかるのはもっとも基部での分岐群であり, 形質状態を含んだ意味での原始的なものではない.

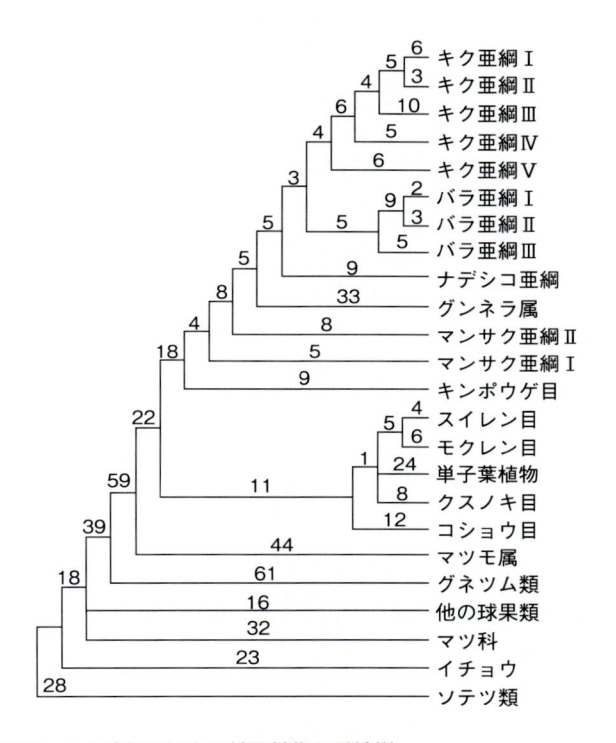

図 7.22　*rbcL* 遺伝子による被子植物の系統樹

この系統樹は，被子植物の網羅的な分子系統学的解析の初めてのものであり，被子植物の系統関係の骨格が明らかにされた．しかし，解析に用いた遺伝子が *rbcL* のみであることから，この遺伝子特有の（おそらく選択的）変異により，現在の多数の遺伝子を用いた系統樹とは異なっている．とくにこの系統樹では被子植物の最基部分岐がマツモとなっているが，現在ではこのような系統関係は否定されている．（Chase *et al*., 1993）

前述の複数遺伝子を用いた系統解析では，アンボレラが，被子植物全体の系統樹でもっとも基部で分岐することがわかった（Soltis *et al*., 1999，図7.23）．ただし，このときの系統解析ではまだスイレン科の系統が先に分岐したという仮説を棄却することはできていなかった．

アンボレラは1科1属1種の植物で，南太平洋に位置するニューカレドニアに固有の植物である．道管をもたないなど，昔から原始的被子植物として

■7章　陸上植物の多様性と系統

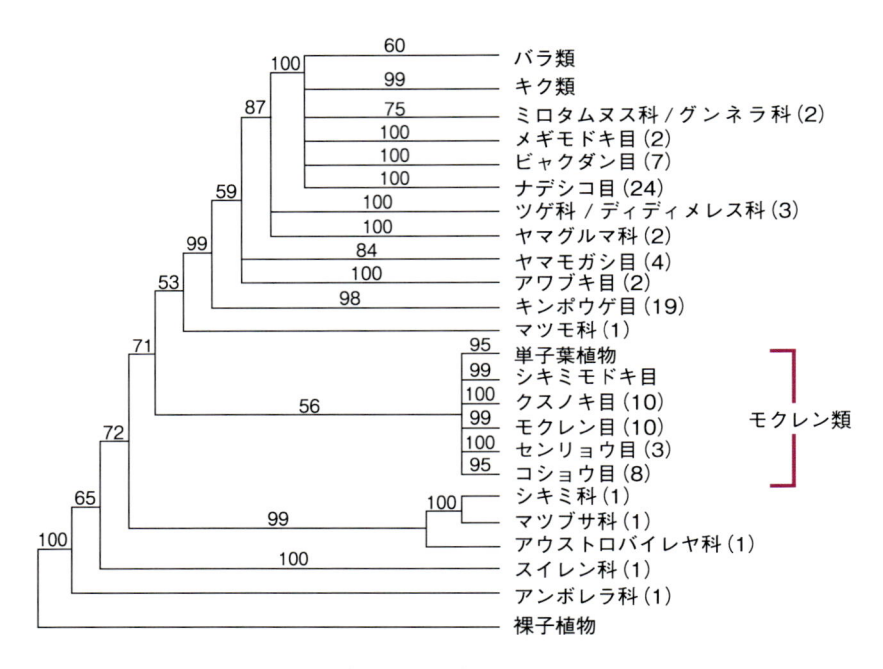

図7.23　複数遺伝子の塩基配列に基づく被子植物の系統樹
複数の遺伝子と，図7.22の系統解析よりもさらに多くの被子植物群を加えた系統解析を行うことで，より詳細な系統関係が明らかになった．詳しくは本文を参照．（Soltis *et al*., 1999）

注目されてきた．アンボレラはつる性の木本で，雄花と雌花が別個体につく雌雄異株の植物である．花は小型で，花被はがく片と花弁が形態的な分化がほとんどなくそれぞれ3枚ずつである．雄花はらせん状に多数の雄ずいをつけ，雌ずいはない．雌花には数本の稔性のない仮雄ずいをもつことがあり，中心部に1枚の心皮からなる雌ずいが数本つく（図7.24，口絵②）．

図 7.24　アンボレラ
A：雄花，B：雌花，C：植物全体．アンボレラは，ニューカレドニアのみに生育する1科1属1種の固有植物である．

b. スイレン目

　アンボレラに続き分岐する植物群は，スイレンの仲間である．スイレン目は水生植物からなり，古典的にはハスやマツモが含められたことがあるが，現在ではハスは真正双子葉植物，マツモは基部被子植物の中の1つの枝であることが明らかになっている．

　現在のスイレン目は，スイレン科6属（コウホネ属 *Nuphar*，スイレン属 *Nymphaea*，オニバス属 *Euryale*，オオオニバス属 *Victoria*，バルクラヤ属 *Barclaya*，オンディネア属 *Ondinea*），ジュンサイ科2属（ハゴロモモ属 *Cabomba*，ジュンサイ属 *Brasenia*）からなるが（図 7.25，口絵②），最近，スイレン類のクレードに入る植物が見つかった．オセアニアとインドに分布するヒダテラ *Hydaterlla* という植物は，イネ科に近縁な Centrolepidaceae

■ 7章　陸上植物の多様性と系統

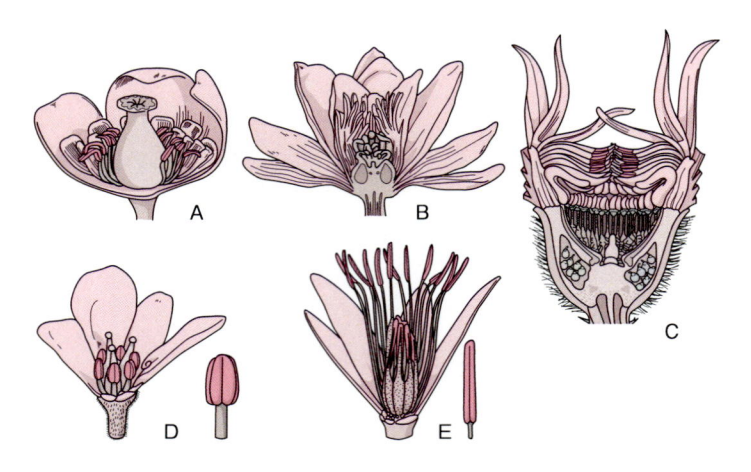

図 7.25　スイレン科
A：コウホネ属，B：スイレン属，C：オオオニバス属，D：ハゴロモモ属，E：ジュンサイ属

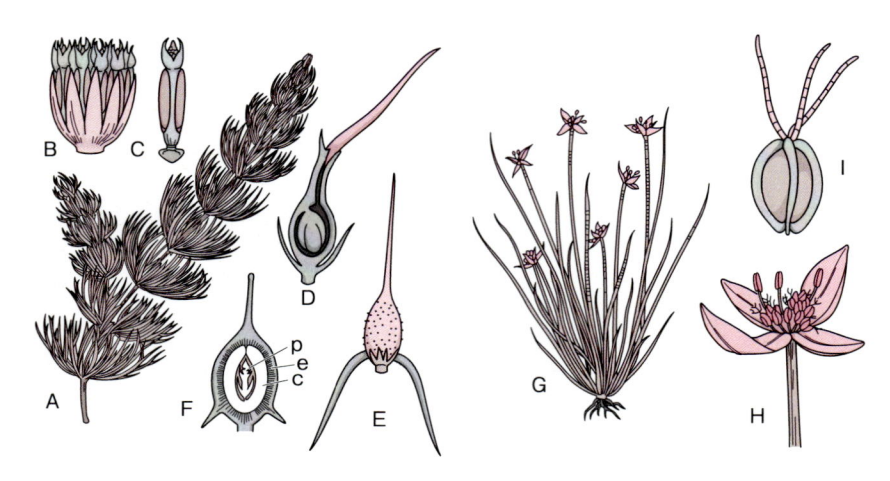

図 7.26　マツモ（A-F）とヒダテラ（G-I）
A：植物体，B：雄花，C：雄ずい，D：雌花の縦断面，E：種子，F：種子の縦断面（c：子葉，e：種皮，p：茎頂），G：植物体，H：花序，I：雌ずい

という科に入れられ，単子葉植物として扱われていた（図 7.26）．しかしサーレラらによる分子系統学的解析の結果，ヒダテラはスイレンの仲間に近縁であるという結果になり，スイレン目の3つめの科であるヒダテラ科 Hydatellaceae として扱われている（Saarela *et al*., 2007）．

スイレン科では花は大型で，がく片，花弁が分化し，通常多数の花弁と雄ずいが，らせん状に配列する．雌ずいは合生心皮で柱頭は花盤となる．ジュンサイ科の花は比較的小型で，離生心皮をもつ（図 7.25）．

c. ITA 群

分子系統解析により基部被子植物の中で，これまで形態比較では同一の群に入れられてこなかった植物間の類縁関係があきらかになった．それはアウストロバイレヤ属 *Austrobeileya*，トリメニア属 *Trimenia*，シキミ類（シキミ科 Illiciaceae とマツブサ科）の3群である．これらの植物群は，雌ずいは離生心皮であり，原始的な花形態をもつ植物という認識はされていたが，3群に共通した派生形質はほとんどなく，近縁な植物群であるとは考えられていなかった（図 7.27）．しかし，分子系統学的解析からこの3群は明瞭な単系統群となることが明らかになり，3群の頭文字をとって ITA 群と呼ばれている．この ITA 群はスイレン目の次の分岐として認識されている．ITA 群に

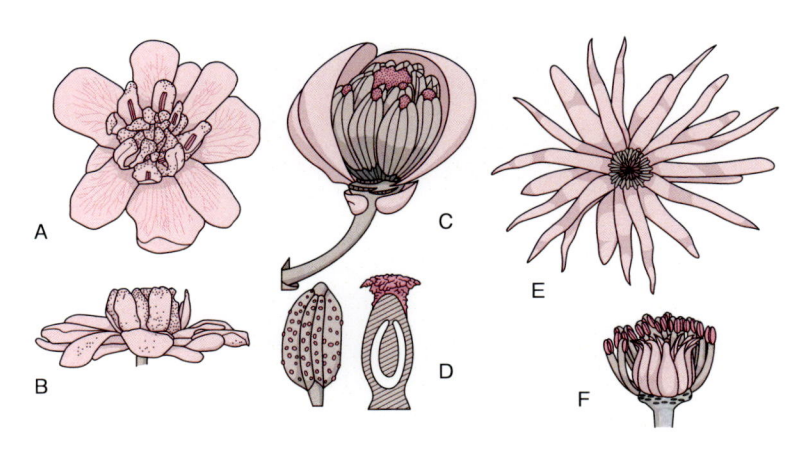

図 7.27　IAT 群のアウストロバイレヤ属（A, B），トリメニア属（C, D），シキミ属（E, F）

アンボレラとスイレン目を加えた植物群は，現生被子植物の最基部で分かれた植物群としてANITA群と総称されることもある．

d．その他の基部被子植物

上記以外の基部被子植物としてセンリョウ群やモクレン群などがある．この両者と単子葉植物はITA群の分岐の後に分化した植物群であるが，その分岐順序はまだよくわかっていない．センリョウ群はセンリョウ科のみからなり，小型で無花被の花を付ける．モクレン群はモクレン科，シキミモドキ科，クスノキ科，コショウ科など多くの科を含み，花の形態は多様であるが，多数の花器官がらせん状に配列する比較的大型の花が多く見られる（図6.2, 口絵②）．

7.4.3　単子葉植物

被子植物はこれまで子葉の数に基づいた2群に分けられてきた．1枚の子葉をもつ植物は単子葉植物（monocots）と呼ばれ，2枚のものは双子葉植物（dicots）と呼ばれている．この2群は花や葉の構造などの他の特徴も一般的に異なる．単子葉植物では，典型的な葉脈は平行脈であるのに対し，双子葉植物のでは網状脈である．また，花の特徴では単子葉植物は3数性の花器官数のものが多いが，双子葉植物では5数性が多い（表7.4）．

被子植物の進化を考えた場合，単子葉植物は基部双子葉植物の一群から起源したため，被子植物を単子葉植物と双子葉植物に2分することは，進化的関係を反映していない．この系統関係は遺伝子配列に基づく分子系統学的研究により確定されている．単子葉植物は単一の祖先をもつため，単系統群として認められるが，双子葉植物は，単子葉植物を除いた被子植物であり，単

表7.4　双子葉植物と単子葉植物の一般的な特徴

	双子葉植物	単子葉植物
子葉	2枚	1枚
維管束	真正中心柱	散在中心柱
葉脈	網状脈	平行脈
花の数性	5または4数性	3数性
根	主根と側根	ヒゲ根

あくまでも一般的な特徴であり，これらに当たらない場合も多くある．

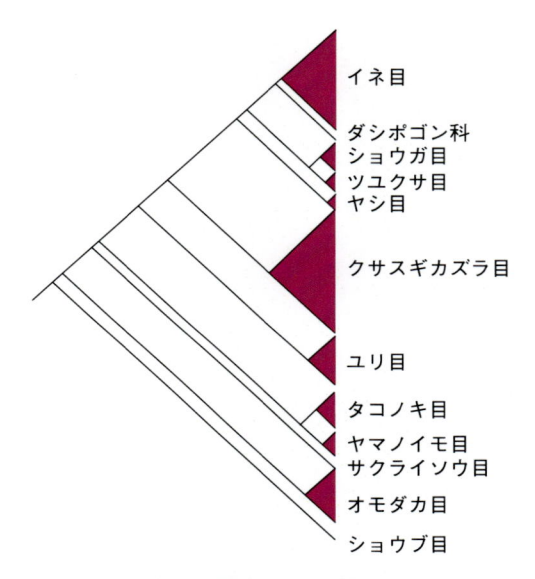

図 7.28　単子葉植物の分子系統樹
単子葉植物は，基部被子植物の分化過程で生じた単系統群である．単子葉植物のもっとも基部の分岐はショウブ目と考えられている．(Chase, 2004 を改変)

系統群ではない．

a. 単子葉植物のもっとも基部の分岐

前述のように，単子葉植物は基部被子植物（双子葉植物）から進化してきた単系統群である．では，現生の単子葉植物でもっとも基部で分岐した植物群はなんであろうか？

この答えはやはり *rbcL* 遺伝子などを用いた分子系統学的解析により得られた（図7.28）．この結果では，もっとも基部で分岐した植物はショウブ属 *Acorus* であった（Chase *et al*., 2006）．ショウブ属は従来の分類体系ではサトイモ科に入れられていた．

b. ユリ科

単子葉植物の分子系統学的解析で明らかになった重要な知見は，従来のユリ科がさまざまな系統群の集合であることである．ユリ科は基本的には子房

表 7.5 古典的ユリ科に含まれていた日本産植物の APG Ⅲ 分類体系における科

オモダカ目	イワショウブ科
ヤマノイモ目	ヤマノイモ科
	キンコウカ科
ユリ目	ユリ科
	シュロソウ科
	サルトリイバラ科
クサスギカズラ目	ヒガンバナ科
	クサスギカズラ科
	キンバイザサ科

上位で合生心皮，離弁性の内外3枚ずつの花被を有する花をもつ植物群として認識されてきた．これらの特徴は合成心皮を除き単子葉植物の中で原始的特徴のため，原始共有形質でまとめられるユリ科は多系統群であることが予想されていた．

実際，分子系統学的解析の結果に基づき，ユリ科は細分され，ヒガンバナ科やイワショウブ科など，多数の異なる目に属する科に分割されている (APG, 2003；2009，表 7.5)．

c. イネ科

イネ科はイネ，コムギ，トウモロコシなど，穀物として人類の栄養を支えている重要な植物を含む群であり，単子葉植物の中でもなじみ深いものである．

イネ科はさまざまな特殊化した形態をもつ．とくに花や胚の形態は単子葉植物の中でも特殊なものである（図 7.29）．イネ科は重要な作物として，単子葉植物の中で遺伝学を始めさまざまな側面でもっとも研究が進んだ科である．イネに関しては，2002 年にゲノム DNA 配列の解読も終わり（Goff *et al.*, 2002；Yu *et al.*, 2002），トウモロコシやコムギに関しても近々終了する．そのため，分子遺伝学的な研究を行う際に，双子葉植物と比較するときにイネ科が単子葉植物の代表として用いられることが多い．しかし，イネ科植物は，花や花序の形態，種子の形態などは単子葉植物の中では特殊化したもので，単子葉植物の一般的な特徴とは異なることに留意しておく必要がある．

7.4.4 真正双子葉植物

分子系統学的解析で明らかになった被子植物の系統関係で，最基部で分岐したアンボレラの特定とならぶ大きな進展は真正双子葉植物の認識であろう．

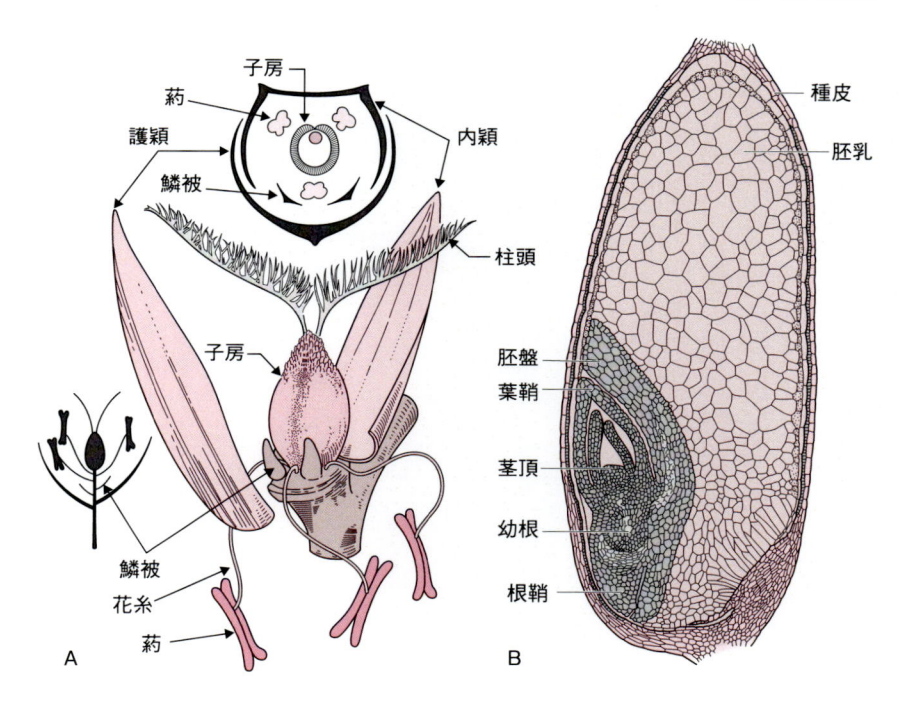

図 7.29　イネ科の花と種子
A：花の構造と花式図，B：種子の断面

　真正双子葉植物は双子葉植物の大部分を含む大きな単系統群である．この群は花粉の構造の基本が三溝粒であることで特徴づけることが可能である．これに対し，単子葉植物や基部被子植物に含まれる双子葉植物は単溝粒を基本とした花粉形態をもつ．

　真正双子葉植物内の系統関係も分子系統学的解析により明らかになっており，おおまかには2つの大きな系統群が認識されている（APG, 2003；2009）．1つはバラ類 rosids と呼ばれる群であり，もう1つはキク類 asterids と呼ばれている．この両者以外にも真正双子葉植物の基部で分岐した植物群がいくつかあり，基部真正双子葉植物（Basal Eudicots）と呼ばれている．基部真正双子葉植物にはキンポウゲ科やハス科，ヤマグルマ科など，祖先的

■ 7章　陸上植物の多様性と系統

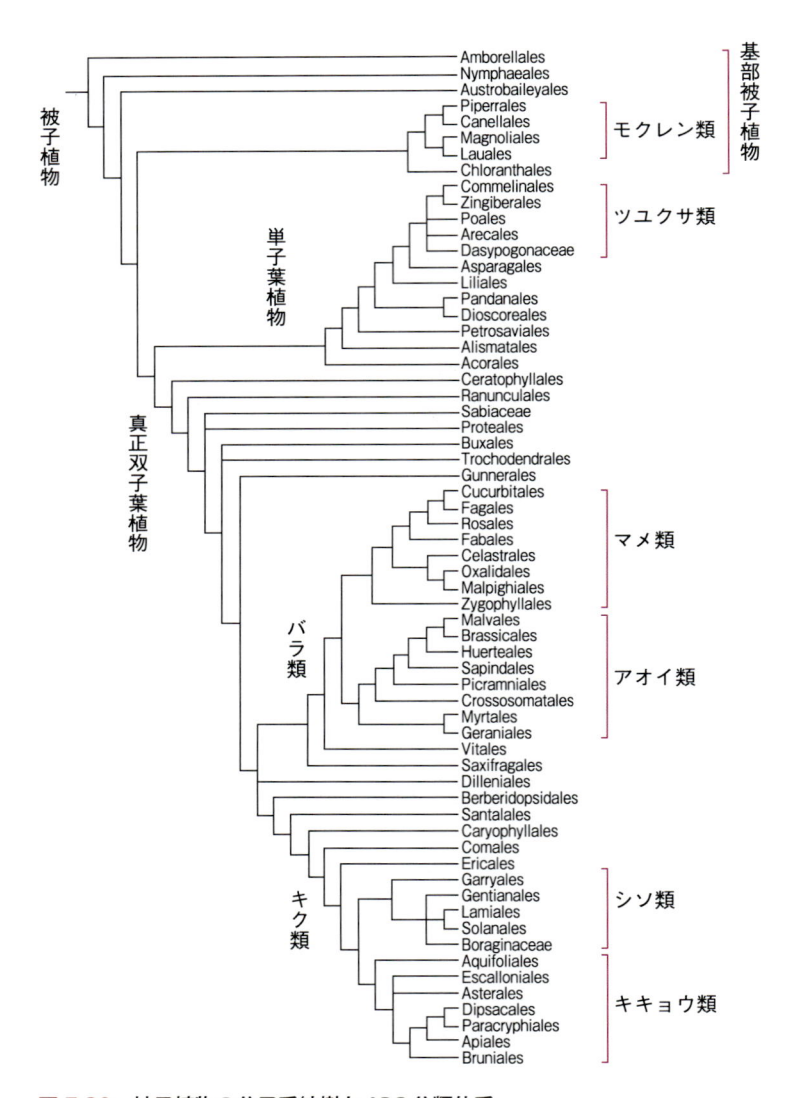

```
                    ┌─ Amborellales           ┐
                    ├─ Nymphaeales             │ 基部被子植物
                    ├─ Austrobaileyales        ┘
                    │  ┌─ Piperrales          ┐
                    │  ├─ Canellales           │
        被          │  ├─ Magnoliales          │ モクレン類
        子          │  ├─ Laurales             │
        植          │  └─ Chloranthales        ┘
        物          │  ┌─ Commelinales        ┐
                    │  ├─ Zingiberales         │
                    │  ├─ Poales               │ ツユクサ類
                    │  ├─ Arecales             │
                    │  └─ Dasypogonaceae       ┘
              単    ├─ Asparagales
              子    ├─ Liliales
              葉    ├─ Pandanales
              植    ├─ Dioscoreales
              物    ├─ Petrosaviales
                    ├─ Alismatales
                    └─ Acorales
                    ── Ceratophyllales
                    ── Ranunculales
                    ── Sabiaceae
                    ── Proteales
         真         ── Buxales
         正         ── Trochodendrales
         双         ── Gunnerales
         子         │  ┌─ Cucurbitales       ┐
         葉         │  ├─ Fagales             │
         植         │  ├─ Rosales              │
         物         │  ├─ Fabales              │ マメ類
                    │  ├─ Celastrales          │
                    │  ├─ Oxalidales           │
                    │  ├─ Malpighiales         │
                    │  └─ Zygophyllales        ┘
              バ    │  ┌─ Malvales           ┐
              ラ    │  ├─ Brassicales          │
              類    │  ├─ Huerteales           │
                    │  ├─ Sapindales           │ アオイ類
                    │  ├─ Picramniales         │
                    │  └─ Crossosomatales      ┘
                    ├─ Myrtales
                    └─ Geraniales
                    ── Vitales
                    ── Saxifragales
                    ── Dilleniales
                    ── Berberidopsidales
                    ── Santalales
                    ── Caryophyllales
                    │  ── Cornales
              キ    │  ── Ericales
              ク    │  ── Garryales
              類    │  ┌─ Gentianales        ┐
                    │  ├─ Lamiales             │ シソ類
                    │  ├─ Solanales            │
                    │  └─ Boraginaceae         ┘
                    │  ┌─ Aquifoliales       ┐
                    │  ├─ Escalloniales        │
                    │  ├─ Asterales            │
                    │  ├─ Dipsacales           │ キキョウ類
                    │  ├─ Paracryphiales       │
                    │  ├─ Apiales              │
                    │  └─ Bruniales            ┘
```

図 7.30　被子植物の分子系統樹と APG 分類体系
　この系統樹は，これまでの分子系統学的研究の結果を総合したものである．この系統関係に準拠して，APG III 分類体系が構築された．（APG, 2009）

な花の形態や道管をもたないため，以前に原始的被子植物と考えられた植物群が含まれる．

　バラ類 Rosids はおもに離弁花をもつ植物群からなり，さらにマメ類とアオイ類の2系統群に分かれる．マメ類にはバラ科やマメ科，アオイ類にはアブラナ科などが含まれる（図7.30）．

　キク類 Asterid は合弁花をもつ植物群のほとんどが含まれるが，セリ科やウコギ科など離弁花をもつ植物群も含まれる．キク類内にも2つの大きな系統群が認識され，シソ科やナス科が含まれるシソ類と，キク科やセリ科が含まれるキキョウ類に分けられている（図7.30）．

Appendix

陸上植物の分類体系

非維管束植物 Non-vascular plants（コケ植物）

① 苔類植物門 Hepatophyta
② 蘚類植物門 Bryophyta
③ ツノゴケ植物門 Anthocerophyta

無種子維管束植物 Seedless vascular plants（シダ植物）

④ ヒカゲノカズラ植物門 Lycopodiophyta
 ヒカゲノカズラ綱 Lycopodiopsida
  ヒカゲノカズラ目 Lycopodiales
 ミズニラ綱 Isoetopsida
  イワヒバ目 Sellaginellales
  ミズニラ目 Isoetales
⑤ シダ植物門 Pteridophyta
 トクサ綱 Equisetophshida
  トクサ目 Equisetales
 マツバラン綱 Psilotopsida
  ハナヤスリ目 Ophioglossales
  マツバラン目 Psilotales
 リュウビンタイ綱 Marattiopsida
  リュウビンタイ目 Marattiales
 シダ綱 Pteridopsida *

種子植物 Seed plants

⑥ ソテツ植物門 Cycadophyta
    ソテツ綱 Cycadopsida
        ソテツ目 Cycadales
⑦ イチョウ植物門
    イチョウ綱 Ginkgoopsida
        イチョウ目 Ginkgoales
⑧ グネツム植物門 Gnetophyta
    グネツム綱 Gnetopsida
        グネツム目 Gnetales
        マオウ目 Ephedrales
        ウェルウィッチア目 Welwitschiales
⑨ 球果植物門 Pinophyta
    マツ綱 Pinopsida
        マツ目 Pinales
⑩ 被子植物門 Magnoliophyta *

*シダ綱と被子植物門は多数の目が含まれるので，以下の分類は省略してある．

参考文献・引用文献

1章

Baldauf, S. L. (2003) Science, **300**: 1703-1706.

千原光雄 編（1999）『藻類の多様性と系統』裳華房．

Cracraft, J., Donoghue, M. J. eds. (2004) "Assembling the Tree of Life" Oxford University Press, New York.

Delwiche, C. F. *et al.* (2002) J. Phycol., **38**: 394-403.

今堀宏三（1966）『現代生物学大系5　下等植物A』堀川芳雄 監修，中山書店．

井上　勲（2007）『藻類30億年の自然史：藻類からみる生物進化・地球・環境』東海大学出版会．

Karol, K. G. *et al.* (2001) Science, **294**: 2351-2353.

McCourt, R. M. (1995) Trends in Ecology and Evolution, **10**: 159-163.

Manhart, J. R., Palmer, J. D. (1990) Nature, **345**: 268-270.

Margulis, L., Schwartz, K. V.（川島誠一郎・根平邦人 訳）（1987）『五つの王国：図説・生物界ガイド』日経サイエンス社．

三中信宏（1997）『生物系統学』東京大学出版会．

中山　剛（1999）『藻類の多様性と系統』千原光雄 編，裳華房，p. 30-49.

中山　剛（2003）つくば生物ジャーナル，**2**: 4-5.

直海俊一郎（2002）『生物体系学』東京大学出版会．

Whittaker, R. (1969) Science, **163**: 150-160.

Wolosz, T. (1988) How Many Species are There? Center for Earth & Environmental Sciences, SUNY at Plattsburg.

Woese, C. R. (1987) Microbiol. Rev., **51**: 221-271.

Woese, C. R. *et al.* (1990) Proc. Natl. Acad. Sci. USA, **87**: 4576-4579.

2章

Edwards, D. S. (1986) Bot. J. Linn. Soc., **93**: 173-204.

Esau, K. (1953) "Plant Anatomy" Wiley, New York.

Esau, K. (1960) "Anatomy of Seed Plants" John Wiley & Sons, New York.

加藤雅啓（1997）『植物の多様性と系統』加藤雅啓 編，裳華房，p. 2-10.

Lyndon, R. F. (1990) "Plant Development" Unwin Hyman, London.
Sanderson, M. J. *et al.* (2004) Amer. J. Bot., **91**: 1656-1665.
Smith, G. M. (1955) "Cryptogamic Botany. Vol. II. Bryophytes and Pteridophytes" 2nd Ed., McGraw-Hill, New York.
Taylor, T. N. *et al.* (2005) Natl. Acad. Sci. USA, **102**: 5892-5897.
戸部　博（1994）『植物自然史』朝倉書店.
Troll, W. (1935) "Vergleichende Morphologie der höheren Pflanzen" Erster Band: Vegetationsorgane, Berlin.
Wellman, C. H. *et al.* (2003) Nature, **425**: 282-285.

3章

Esau, K. (1953) "Plant Anatomy" Wiley, New York.
Gifford, E. M., Foster, A. S.（長谷部光泰ら 監訳）(2002)『維管束植物の形態と進化』文一総合出版.
岩槻邦男・加藤雅啓 編（2000）『植物の系統』東京大学出版会.
加藤雅啓（1999）『植物の進化形態学』東京大学出版会.
Raven, P.H. *et al.* (2004) "Biology of Plants" 7th Ed., W. H. Freeman, New York.
Rothwell, G. W., Erwin, D. M. (1985) Am. J. Bot., **72**: 86-98.
Zimmermann, W. (1952) The Paleobotanist, **1**: 456-470.

4章

Beck, C. B. (1960) Brittonia, **12**: 351-368.
Beck, C. B. (1962) Am. J. Bot., **49**: 373-382.
Dawson, J. W. (1871) "The fossil plants of the Devonian and Upper Silurian formation of Canada" Geol. Surv. Canada, Montreal.
Stewart, W. N., Rothwell, G. W. (1993) "Paleobotany and the Evolution of Plants" 2nd Ed., Cambridge University Press, Cambridge.
Walton, J. (1953) Advanc. Sci., **10**: 223-230.

5章

Arber, E. A. N., Parkin, J. (1907) J. Linn. Soc. Bot., **38**: 29-80.

Albert, V. A. *et al.* (2002) Trends Plant Sci., **7**: 297-301.

Bailey, I. W., Swamy, B. G. L. (1948) Journal of the Arnold Arboretum, **29**: 245-254.

Bessey, C.E. (1915) Ann. Missouri Bot. Gard., **2**: 109-164.

Bowman, J.L. *et al.* (1989) Plant Cell, **1**: 37-52.

Campbell, N. A., Reece, J. B. (小林 興 監訳) (2007)『キャンベル生物学』丸善.

Cronquist, A. (1981) "An Integrated System of Classification of Flowering Plants" Columbia University Press, New York.

Dilcher, D. L., Crane, P. R. (1984) Ann. Missouri Bot. Gard., **71**: 351-383.

Doyle, J. A. (2008) Int. J. Plant Sci., **169**(7): 816-843.

Eames, A. J. (1961) "Morphology of Angiosperms" McGraw-Hill, New York.

Engler, A, Prantel, K. A. E. (1924) "Die Natürlichen Pflanzenfamilien" Duncker und Humblot Verlag, Berlin.

Frohlich, M. W., Parker, D.S. (2000) Syst. Bot., **25**: 155-170.

Holman, R. M., Robbins, W. W. (1951) "A Textbook of General Botany" 4th ed., Wiley, New York.

Hutchinson, J. (1959) "The Families of Flowering Plants, Arranged According to a New System Based on their Probable Phylogeny" 3rd Ed., Clarendon Press, Oxford.

Lonay, H. (1901) Arch. Inst. Bot. Liége, **3**: 1-164.

Maheshwari, P. (1950) "An Introduction to the Embryology of Angiosperms" McGraw-Hill, New York.

Melville, R. (1962) Kew Bull., **16**: 1-50.

Melville, R. (1963) Kew Bull., **17**: 1-63.

Meeuse, A. D. J. (1975) Acta Botanica. Neerlandica, **24**: 23-36.

Melchior, H. ed. (1964) "A. Engler's Syllabus der Pflanzenfamilien. 2Bd., 12 Aufl." Verlag Gebrüder Borntraeger, Berlin.

西田治文 (1997)『植物の多様性と系統』加藤雅啓 編, 裳華房, p. 210-233.

岡本素治 (1997)『植物の多様性と系統』加藤雅啓 編, 裳華房, p. 234-265.

Pedersen, K. R. *et al.* (1991) Grana, **30**: 577-590.

Raven, P. H. *et al.* (2004) "Biology of Plants" 7th Ed., W. H. Freeman, New York.

Stewart, W. N., Rothwell, G. W. (1993) "Paleobotany and the Evolution of Plants" 2nd

Ed., Cambridge University Press, Cambridge.
Sun, G. *et al.* (1998) Science, **282**: 1692-1695.
Sun, G. *et al.* (2002) Science, **296**: 899-904.
Takhtajan, A. (1969) "Flowering Plants: origin and dispersal" Oliver and Boyd, Edinburgh.
塚谷裕一（2006）『変わる植物学広がる植物学：モデル植物の誕生』東京大学出版会.
van Went, J. L., Willemse, M. T. M. (1984) "Embryofogy of Angiosperms" Johri, B. M. ed., Springer-Verlag, Berlin.
Villanueva, J. M. *et al.* (1999) Genes Dev., **13**: 3160-3169.
Yamada, T. *et al.* (2004) Int. J. Plant Sci., **165**: 917-924.

6 章

Bremer, B. K. *et al.* (2002) Mol. Phylogenet. Evol., **24**: 273-300.
Eames, A. J. (1961) "Morphology of Angiosperms" McGraw-Hill, New York.
Huth, C. J., Pellmyr, O. (1999) Oecologia, **119**: 593-599.
井上民二・加藤　真 編（1993）『花に引き寄せられる動物：花と送粉者の共進化』平凡社.
Ito, M. (1987) Bot. Mag.Tokyo, **100**: 17-35.
加藤　真（1993）『花に引き寄せられる動物：花と送粉者の共進化』井上民二・加藤　真編，平凡社，p.33-78.
Kawakita, A., Kato, M. (2004) Am. J. Bot., **91**: 1319-1325.
Yokoyama, J. (2003) Popul. Ecol., **45**: 249-256.

7 章

Amakawa, T. (1960) J. Hattori Bot. Lab., **22**: 1-90.
Andrews, H. N. (1961) Studies in Paleobotany, Wiley and Sons, New York.
Angiosperm Phylogeny Group. [A.P.G.] (1998) Ann. Missouri Bot. Gard., **85**: 531-553.
Angiosperm Phylogeny Group. [A.P.G.] (2003) Bot. J. Linnean Soc., **141**: 399-436.
Angiosperm Phylogeny Group. [A.P.G.] (2009) Bot. J. Linnean Soc., **161**: 105-121.
Bold, H. C. (1973) "Morphology of Plants" 3rd ed., Harper & Row, New York.
Chamberlain, C. J.（1935）"Gymnosperms, Structure and Evolution" University of

Chicago Press, Chicago.

Chase, M. W. (2004) Am. J. Bot., **91**: 1645-1655.

Chase, M. W. *et al.* (1993) Ann. Missouri Bot. Gard., **80**: 528-580.

Chase, M.W. *et al.* (2006) Aliso, 22, pp. 63-75.

Chaw, S.-M. *et al.* (2000) Proc. Natl. Acad. Sci. USA, **97**: 4086-4091.

Coulter, J. M., Chamberlain, C. J. (1910) "Morphology of Gymnosperms" University Chicago Press, Chicago.

Delevoryas, T. (1953) Amer. J. Bot., **40**: 144-150.

Doyle, J. A. (2006) Seed ferns and the origin of angiosperms. Journal of the Torrey Botanical Society, **133**(1): 169-209.

Eames, A. J. (1936) "Morphology of Vascular Plants. Lower Groups" McGraw-Hill, New York.

Florin, R. (1951) Acta Horti Bergiani, **15**: 285-388.

Friedman, W. E. (1990) Science, **247**: 951-954.

Friedman, W. E. (1992) Science, **255**: 336-339.

Goff, S. A. *et al.* (2002) Science, **296**: 92-100.

Graham, S. W., Iles, W. J. D. (2009) Am. J. Botany, **96**: 216-227.

Harris, T. M. (1933) New Phytol., **32**: 97-114.

Hasebe, M., *et al.* (1992a) Bot. Mag. Tokyo, **105**: 385-392.

Hasebe, M. *et al.* (1992b) Bot. Mag. Tokyo, **105**: 673-680.

Hasebe, M. *et al.* (1995) Amer. Fern J., **85**: 134-181.

Hasegawa, J. (1984) J. Hattori Bot. Lab., **57**: 241-272.

岩月善之助（1997）『植物の多様性と系統』加藤雅啓 編，裳華房, p. 182-197.

岩月善之助・井上　浩（1971）『誰にもわかるこけのすべて』(財) 科学博物館後援会.

Jansen, R. K. *et al.* (2007) Proc. Natl. Acad. Sci. USA, **104**: 19369-19374.

加藤雅啓 編（1997）『植物の多様性と系統』裳華房.

加藤雅啓（1999）『植物の進化形態学』東京大学出版会.

Kramer, K. U., Green, P. S. eds. (1990) "The Families and Genera of Vasculer Plants. Vol. 1, Pteridophytes & Gymnosperms" Springer-Verlag, Berlin.

Mapes, G., Rothwell, G. W. (1984) Palaeontology 27, Part 1: 69-94.

Mishler, B. D., Churchill, S. P. (1984) Brittonia, **36**: 406-424.

三宅驥一（1899）『新撰日本植物図説,下等隠花類部』松村任三, 三好　学 編, 敬業社.
西田治文（1997）『植物の多様性と系統』加藤雅啓 編，裳華房，p. 210-233.
Nishiyama, T. *et al.* (2004) Mol. Biol. Evol., **21**: 1813-1819.
Noguchi, A. (1987-94) "Illustrated Moss Flora of Japan. Parts 1-5" Hattori Botanical Laboratory, Nichinan.
Parihar, N. S. (1956) "An Introduction to Embryophyta. Vol. 1. Bryophyta" Central Book Depot, Allahabad, India.
Pryer, K. M. *et al.* (2004) Amer. J. Bot., **91**: 1582-1598.
Qiu, Y.-L., Palmer, J. D. (1999) Trends in Plant Science, **4**: 26-30.
Raubeson, L. A., Jansen, R. K. (1992) Science, **255**: 1697-1699.
Saarela, J. M. *et al.* (2007) Nature, **446**: 312-315.
Schuster, R. M. (1966) Nova Hedwigia, **13**: 1-63.
Schweitzer, H. -J. (1963) Palaeontographica, **113**B: 1-29.
Scott, D. H. (1920) "Studies in Fossil Botany" Adam and Charles Black, London.
Smith, G. M. (1955) "Cryptogamic Botany. Vol. II. Bryophytes and Pteridophytes" 2nd Ed., McGraw-Hill, New York.
Soltis, P. S. *et al.* (1999) Nature, **402**: 402-404.
Soltis, D. E. *et al.* (2005) "Phylogeny and Evolution of Angiosperms" Sunderland: Sinauer.
Sporne, K. R. (1965) "The Morphology of Gymnosperms" Hutchinson & Co., London.
Stewart, W. N. (1947) Amer. J. Bot., **34**: 315-324.
Stewart, W. N. (1983) "Paleobotany and the Evolution of Plants" Cambridge University Press, Cambridge.
Stewart, W. N., Rothwell, G. W. (1993) "Paleobotany and the Evolution of Plants" 2nd Ed., Cambridge University Press, Cambridge.
Thomas, H. H. (1925) Phil. Trans. Roy. Soc., London, **213**B: 299 -363.
戸部　博（1994）『植物自然史』朝倉書店.
Wolf, P. G. *et al.* (1998) "Molecular Systematics of Plants II. DNA Sequencing" Soltis, D. E. *et al.* eds., Kluwer Academic Publishers, Boston, p. 541-556.
Yu, J. *et al.* (2002) Science, **296**: 79-92.

索　引

数字

3ドメイン　5

欧字

ABCモデル　89, 91, 93
ANITA群　152
ITA群　151
YABBY遺伝子　80

あ

アーキア　5
アグラオフィトン　39, 45
アルカエアントス　74
アルカエオプテリス　59
アルカエフルクタス　77
アンソコルム説　87
アンボレラ　81, 147

い，う

維管束　46
異型配偶子　34
異型胞子性　55, 59, 119, 121
一次共生　7
イチジク　105
イチジクコバチ　105
イチョウ植物門　132
イネ科　154
イワヒバ類　121
イントロン　19
ウェルウィッチア　134

え，お

エキシン　68

オルソログ遺伝子　92

か

外花被　65, 98
外珠皮　69, 79
灰色植物　8
外生発生　53
カイトニア　82, 143
がく片　66
仮道管　46
花被　65
花粉　68
花粉管細胞　72
花粉母細胞　71
花粉粒　55
花弁　66
管状中心柱　48

き

偽花説　86
キカデオイデア　141
キク類　99, 146, 157
気孔　33
基部被子植物　146
球果　139
球果植物門　138
共進化　102
共有原始形質　16
共有派生形質　16

く

クーペリテス　76
茎　35
クチクラ　33, 40

クックソニア　37
グネツム　135
グネツム植物門　134
クラミドモナス　11
グリコール酸経路　12
クレード　15
グレード　15
グロッソプテリス　82, 142

け

茎頂分裂組織　28
系統　1
系統学　1
楔葉類　117
原核生物　3
原生中心柱　47
原裸子植物　59

こ

後期合弁　99
紅色植物　8
合生心皮　69, 95, 96
合弁花　96
五界説　4, 26
コケ植物　42, 108
苔植物門　111
古細菌　5
古生マツバラン類　125
ゴノフィル説　87
コルダイテス　139
コレオケーテ　18
根端分裂組織　28
ゴンドワナ植物　143

さ

三溝性　145
三溝粒　155

し

自家受粉　100
自家不和合性　101
シキミモドキ　81
自殖　99
雌ずい　69
シダ植物　29, 43, 116
シダ植物門　122
師部　46
子房下位　96
子房周位　96
子房上位　95, 96
シャジクモ　18, 22, 24
シャジクモ藻綱　18
シャジクモ藻類　21, 31
雌雄異熟　101
シュート　35
シュートモジュール　36
重複受精　74
珠孔　70
主根　52
種子　55
種子植物　29, 55
珠心　59
珠皮　58
珠柄　70
小胞子母細胞　62
小葉　49
小葉類　117
初期合弁　99
植物　27
真核生物　3

真核生物ドメイン　6
真花説　85
真正細菌　5
真正双子葉植物　145, 154
真正中心柱　48
真嚢シダ類　127
心皮　69, 80

す

スイレン目　149
スイレン類　98
ストレプト植物　10
スポロポレニン重合体　31, 68

せ

精細胞　70
生卵器　25
世代交代　30
接合藻類　21, 34
絶対送粉共生系　105
セルロース合成酵素複合体　18
蘚植物門　113
前胚珠　57
蘚類　108

そ

造精器　25, 32, 42, 43
造卵器　32, 42, 43
相利共生　105
側系統群　15
ソテツ植物門　129

た

体系学　1
胎座輸送細胞　33

大胞子母細胞　62
大葉　49
大葉類　117
苔類　108, 111
他家受粉　100
多系統群　15
他殖　99
単花被花　96
単系統群　15
単孔粒　145
担根体　121
単子葉植物　152

ち

地質年代　2
中心柱　47
頂端細胞　29
頂端分裂組織　28

つ

ツノゴケ植物門　113
ツノゴケ類　108

て

適応放散　104
テクタム　68
テロム　57
テロム説　50

と

道管　46, 137
同型胞子性　119, 121
トクサ類　125
トリメロフィトン　60

な

内花被　65, 98

内珠皮　69
内生発生　53

に, ね
二界説　4
二次共生　7
根　35, 50

は
葉　35, 49
配偶子嚢　32
配偶体　30, 43
配偶体型自家不和合性　102
胚珠　55, 57, 69
ハイドロイド　47
胚乳　55, 74
胚嚢　55, 70, 73
胚嚢母細胞　73
パキテスタ　58
バクテリア　5
薄嚢シダ類　129
花　64
ハナヤスリ類　127
バラ類　146, 157
パラログ遺伝子　92

ひ
ヒカゲノカズラ植物　116
ヒカゲノカズラ植物門　118
被子植物　64, 145
ヒダテラ　149
ヒメミカヅキモ　23

ふ
ファイコプラスト　11

二又分枝　50, 119
フラグモプラスト　11
プラシノ藻類　10
分岐学　15
分子系統学　5
分類学　1

へ, ほ
ベネチテス目　141
ホイタッカー　4, 26
胞子体　30, 43
胞子体型自家不和合性　102
ボルチア目　140
ホルネオフィトン　39

ま
マーグリス　4, 26
マオウ　135
マツバラン　124
マツモ　146

み, む
ミカヅキモ　22
無花被花　96
無種子維管束植物　116
無葉類　117

め, も
メソスティグマ　10
網状中心柱　48
木部　46
モクレン目仮説　86

や, ゆ
葯　67

雄原細胞　72
雄ずい　67
雄性胞子葉穂説　77, 91
有胚植物　33
ユッカ　107
ユリ科　153

ら
ライニー植物群　38
ライニーチャート　37
ラゲノストマ　58
裸子植物　129
卵細胞　62, 70

り
リオノフィトン　39
リグニン　46
離生心皮　69, 95, 96
リゾイド　25
リゾモルフ　54
リニア　38
離弁花　96
リュウビンタイ類　127
両花被花　96
緑色植物　6, 8, 9

る, ろ
ルビスコ　12
ローラシア大陸　143

わ
椀状体　82

著者略歴

伊藤　元己
(いとう　もとみ)

1956年　名古屋市に生まれる
1978年　京都大学理学部卒業
1987年　京都大学大学院理学研究科博士課程修了
1987年　東京都立大学理学部助手
1993年　千葉大学理学部助教授
2000年　東京大学大学院総合文化研究科助教授
2006年　東京大学大学院総合文化研究科教授
2021年より東京大学名誉教授　理学博士

主な著書

「生物の種多様性」（裳華房，1996年，共著）
「キャンベル生物学」（丸善，2007年，共訳）

新・生命科学シリーズ　植物の系統と進化

2012年　5月25日　第1版1刷発行
2015年　6月20日　第2版1刷発行
2023年　8月10日　第2版3刷発行

検印省略

定価はカバーに表示してあります．

著作者	伊藤元己
発行者	吉野和浩
発行所	東京都千代田区四番町8-1 電話　03-3262-9166（代） 郵便番号 102-0081
	株式会社　裳華房
印刷製本	株式会社　真興社

一般社団法人
自然科学書協会会員

JCOPY〈出版者著作権管理機構　委託出版物〉
本書の無断複製は著作権法上での例外を除き禁じられています．複製される場合は，そのつど事前に，出版者著作権管理機構（電話03-5244-5088，FAX 03-5244-5089，e-mail: info@jcopy.or.jp）の許諾を得てください．

ISBN 978-4-7853-5852-5

© 伊藤元己，2012　Printed in Japan

☆ 新・生命科学シリーズ ☆

*価格はすべて税込(10%)

動物の系統分類と進化	藤田敏彦 著	定価 2750 円
動物の発生と分化	浅島 誠・駒崎伸二 共著	定価 2530 円
ゼブラフィッシュの発生遺伝学	弥益 恭 著	定価 2860 円
動物の形態 －進化と発生－	八杉貞雄 著	定価 2420 円
動物の性	守 隆夫 著	定価 2310 円
動物行動の分子生物学	久保健雄 他共著	定価 2640 円
動物の生態 －脊椎動物の進化生態を中心に－	松本忠夫 著	定価 2640 円
植物の系統と進化	伊藤元己 著	定価 2640 円
植物の成長	西谷和彦 著	定価 2750 円
植物の生態 －生理機能を中心に－	寺島一郎 著	定価 3080 円
気孔 －陸上植物の繁栄を支えるもの－	島崎研一郎 著	定価 2860 円
脳 －分子・遺伝子・生理－	石浦章一・笹川 昇・二井勇人 共著	定価 2200 円
遺伝子操作の基本原理	赤坂甲治・大山義彦 共著	定価 2860 円
エピジェネティクス	大山 隆・東中川 徹 共著	定価 2970 円
図解 分子細胞生物学	浅島 誠・駒崎伸二 共著	定価 5720 円
行動遺伝学入門	小出 剛・山元大輔 編著	定価 3080 円
しくみと原理で解き明かす 植物生理学	佐藤直樹 著	定価 2970 円
植物生理学 －生化学反応を中心に－	加藤美砂子 著	定価 2970 円
陸上植物の形態と進化	長谷部光泰 著	定価 4400 円
花の分子発生遺伝学	平野博之・阿部光知 共著	定価 3630 円
イチョウの自然誌と文化史	長田敏行 著	定価 2640 円
光合成細菌 －酸素を出さない光合成－	嶋田敬三・高市真一 編集	定価 4950 円
タンパク質科学 －生物物理学的なアプローチ－	有坂文雄 著	定価 3520 円
遺伝子科学 －ゲノム研究への扉－	赤坂甲治 著	定価 3190 円
ゲノム編集と医学・医療への応用	山本 卓 編	定価 3520 円
進化生物学 －ゲノミクスが解き明かす進化－	赤坂甲治 著	定価 3520 円

裳華房ホームページ　https://www.shokabo.co.jp/